开源，与世界协同创新

开源前沿课

上海开源信息技术协会 ◎编著

人民日报出版社
北京

图书在版编目（CIP）数据

开源前沿课/上海开源信息技术协会编著.
-- 北京：人民日报出版社，2024.12. -- ISBN 978-7
-5115-8492-2

Ⅰ. TP311.52
中国国家版本馆 CIP 数据核字第 2024X3C272 号

书　　名	开源前沿课
	KAIYUAN QIANYANKE
作　　者	上海开源信息技术协会　编著
出 版 人	刘华新
责任编辑	李　安
版式设计	九章文化
出版发行	人民日报出版社
社　　址	北京金台西路 2 号
邮政编码	100733
发行热线	（010）65369509　65369527　65369846　65369512
邮购热线	（010）65369530　65363527
编辑热线	（010）65369528
网　　址	www.peopledailypress.com
经　　销	新华书店
印　　刷	大厂回族自治县彩虹印刷有限公司
法律顾问	北京科宇律师事务所　（010）83622312
开　　本	710mm×1000mm　1/16
字　　数	222 千字
印　　张	17.25
版次印次	2025 年 4 月第 1 版　2025 年 4 月第 1 次印刷
书　　号	ISBN 978-7-5115-8492-2
定　　价	45.00 元

如有印装质量问题，请与本社调换，电话：（010）65369463

编委会

张国锋　朱其罡　任旭东　郭　雪　庄表伟　边思康
王　伟　郝程程　李医群　邬展霞

编写组

张国锋　郭　皓　王　锐　纪利群　竺彩华　温　馨
王　哲　屠文怡　刘柯廷

序 一

从开源操作系统到开源人工智能大模型再到开源芯片设计,开源创新已成为当今信息社会科技创新的重要范式,在推动技术创新中都扮演了极其重要的角色,开源也从一个软件领域的专用术语拓展到开源硬件、开放数据、开放模型、开放内容、开放标准等数字化领域的方方面面。

从"学习借鉴"开源代码算起,我国开源实践已有30年的时间,但开源创新在数字经济发展中的战略性、基础性、先导性和赋能作用远未为人们广泛认知。我国《国民经济和社会发展第十四个五年规划和2035年远景目标纲要》第一次将开源提到了国家战略高度,提出:"支持数字技术开源社区等创新联合体发展,完善开源知识产权和法律体系,鼓励企业开放软件源代码、硬件设计和应用服务。"2021年11月30日,工信部《"十四五"软件和信息技术服务业发展规划》突出强调开源在驱动软件产业创新发展、赋能数字中国建设的重要作用,提出"繁荣国内开源生态"的重点任务,设置"开源生态培育"专项行动。建设中国开源生态,需要更多领导干部对开源有深刻理解,实现政府、市场、社会各方力量更有效融合。《开源前沿课》就是这样一本主要面向政府工作人员的开源读物,涵盖开源发展历史、开源与数字经济、开源数字商品生产线、开源服务业、国家开源创新体系、数字贸易、国际合作等多个方面，试图以故事和案例的形式，从经济学、社会学、技术创新与国家战略等多个角度，阐述开源范式的经济逻辑及其对人们思想行为方式的深刻影响，为读者提供了一个全面了解开源范式的视角。相信本书对读者全方位认识开源、理解开源、参与开源、推动开源大有裨益！

对于今天的中国，开源创新既是推动我国数字经济发展的一个重要机制，也是我国迈向世界科技强国、让世界看到中国贡献和中国精神的重要契机。中国的开源创新正处于从"参与融入"到"蓄势引领"的关键阶段。DeepSeek 的成功，再次见证了开源的力量，同时也说明中国已具备为国际社会提供包括人工智能在内的高质量数字公共产品和服务的能力。本书使用了一个重要概念——策源性项目，在媒体中与此概念相关的术语是所谓"根项目"，其含义都指向原创性、引领性的开源技术或项目。所谓"蓄势引领"，就是未来中国开源创新应该为世界提供更多策源性的开源项目。为此，我们必须躬身入局、虚心学习、脚踏实地、坚毅探索。

谈到开源，大家首先想到的可能是源代码开放。但实际上，从最初的"自由软件"发展到现在，"开源"的内涵有了极大的丰富和拓展。我本人长期关注开源范式的演变，致力于推动我国开源创新生态的建设和发展。这里我想结合近年来的研究、观察与实践，谈三点我对开源创新的再认识。

第一，开源是一种应对不确定性世界的有效方法。我认为，开源遵循了达尔文的"演化论"世界观和"遗传变异、适者生存"的基本原则，开源尊重每个参与方的个体创作意愿，通过营造开放性、多元化、自组织的创作环境，以初始开源版本为起点，充分激发大规模参与方的创作灵感，"遗传变异"形成众多衍生版本，进而在开源社区中通过"优胜劣汰"，实现不同技术发展路径的选择，获得确定性。

第二，开源也是一种有效激发与汇聚全社会智力资源的高效组织模式。开源能够取得成功的一个重要原因就在于能够以更低的成本、更高的效率实现全球智力资源的激发汇聚。大量优秀的开源项目均是跨越时间、空间的全球化、分布式协作的成功实践。开放源代码是原创者对其作品信心的表达，也是原创者力邀全天下志同道合者共同创造的姿态展现。

第三，开源还是一种商业竞争策略，更是一种国家发展战略。开源是破解商业垄断、完成颠覆性创新的成功商业策略。从发展的角度看，未来企业将不再有所谓开源与闭源之分，企业将在不同发展阶段、针对不同竞争对手灵活运用开源策略，通过开放什么、开放多少、何时开放赢得市场主动权和主导权。一个科技创新强国必将通过开放技术构建创新"公地"，发挥引领作用，从而吸引和汇聚更多全球创新资源。

王怀民
中国科学院院士、中国计算机学会开源发展委员会主任、
中国软件行业协会理事长
2024 年 12 月 31 日

序 二

上海开源信息技术协会正在编写一本《开源前沿课》，邀我写一个推介语。

他们提出要将"探索开源世界的前沿知识与实践"贯穿于全书，我欣赏他们这种严肃的治学态度。

"OpenSource"（开源）概念确立并向全球发布，始于1998年4月7日在美国加州PaloAlto由18位"自由软件运动"领袖召开的"自由运动高层会议"，至今已有27年。

但开源实质上起始的时间要早得多，1969~1970年由Bell实验室开发的现代UNIX计算系统诞生，"前UNIX"时期是实行开源的，人们一般将1970年认定为UNIX元年，所以开源实质上诞生时间至今已有55年的历史。

我认为，只有把握开源发展中的每一个由其当时的前沿迭代升华的关键节点，并对此作出精确的分析，才能向世人贡献《开源前沿课》这块瑰宝，我谨祝这本书的编著者取得成功！

陆首群

中国开源软件推进联盟名誉主席

2024年12月4日

序 三

作为一个在软件行业长期耕耘的从业者，我见证了技术浪潮的风起云涌，也深刻体会到开源生态对产业发展的巨大影响。

开源不仅是一种技术现象，更是一种全球化的广泛共识。它基于知识产权行为（让渡利益、公开代码、开源协议等），使开源项目代码在全球范围进行分享、协作、传播；同时世界各地开源开发者能够自由地得到这些源代码，并在遵从开源协议的前提下参与开发、分享技术。这种群体智慧的汇集与协作，对开源项目的发展壮大起到了正向循环的推动作用；而大型商业企业的参与，又极大地支持了开源项目的应用，并使之在应用中找到了商业价值，由此为开源项目再次提供正向激励，即基于该开源项目的产业生态循环。这是以往开源成功的基本规律。

在数字经济时代，开源模式仍以其快速迭代、开放合作、公开透明的特性，发挥着推动生产、管理、激励创新的重要作用。而今，人工智能以前所未有的深度和广度影响着信息技术的绝大领域，也影响着产业发展模式，同时对人类社会的一些基本规则提出了严重挑战。正是开源孕育了主要的人工智能技术，那么开源也可以成为人类社会对人工智能技术的正向保障手段之一（我认为人类对人工智能应用的把控应成为共识），这说明开源对经济社会未来的发展亦将持续发挥重要作用。

因此，我们需要深入理解开源崛起的背景、发展的关键因素和规律，研究探索其社会价值。上海开源信息技术协会的这本书为读者提供了一个全新和系统的视角，深入探讨了其在数字经济、科技创新、国际合作等方面的影响，是一种大胆的尝试。

期待本书可以帮助大家更好地认识开源。

孙文龙
曾任开放原子开源基金会理事长、开源云联盟理事长
2024 年 12 月 13 日

自 序

DeepSeek 以开源为手段,改变了人工智能行业竞争态势,以强大的物质力量向人们展示了开源的价值和意义。全国也掀起了一场学习开源、认识开源、参与开源的热潮。开源作为社会存在,其合理性及内在机理如何解释?开源社会意识又会产生怎样的物质力量?国家如何构建开源创新体系?地方政府如何制定开源创新政策?企业怎样才能形成开源创新竞争优势?大中小学如何培养开源创新人才?以上问题迫切需要专业的组织和人士做出解释。

本书为各级领导干部、企业管理者而写,让我们一起认识开源及其价值,并投入到中国开源创新体系建设中来。

开源是具有理想主义情怀的技术极客所发起的社会创新实践,具有群众性、自发性等特点。开源自诞生之日就不简单,有组织保障(开源社会组织)、有制度保障(开源协议)、有自己的文化和价值观,像机器一样可以自动运行。

一件事是否重要,要将其放到历史的长河中看。历史上,第一台机器是蒸汽机,解决的是自然界动力和物理商品生产问题,由此产生的工业革命及其对人类社会的影响已为人所认知。今天,我们说开源也是一台机器,解决的则是社会领域的问题,是数字商品生产协作的自动化和高效组织问题。开源不仅推动产业链供应链重构，还在引领新的思想和文化，引发组织变革、商业模式革命，开源对人类社会经济的影响将远超工业革命。

一件事是否重要，还要看其是否具有延展性。开源一开始只是开放计算机程序源代码，经历了萌芽、发展、壮大的过程，在软件领域取得成功。之后，人们开始尝试将开源的理念应用到其他领域，如硬件、数据、算法、标准、内容等。开放科学、数字公共产品、数字公共基础设施等逐步出现在联合国的相关文件中和组织进程里。开源的延展性还会在更多的领域得以体现。"手推磨产生的是封建主的社会，蒸汽磨产生的是工业资本家的社会。"马克思这句话给了我们无限的想象空间。

开源是一种社会创新方法论。在物理世界，商品的基本属性是稀缺性和独占排他性，如两个人不可能共享一块面包。但在数字世界，软件、数据等数字商品天然可以开放共享，不再受稀缺性影响，一个人拥有不影响其他人拥有，且使用的人越多，其价值越大。这对传统的专利和知识产权商业逻辑形成挑战，反映了数字经济的底层逻辑。

开源超出了技术范畴，涉及法学、经济学、管理学、社会学等多个学科。从经济学角度看，开源无疑是数字商品最有效的资源配置方式；从管理学角度看，开源无疑是数字商品最高效的大规模生产协作方式；从法学角度看，服务于全人类的开源协议和公共知识产权超越了以企业和个人为主体的私有知识产权制度。社区重于代码，平等、协作的概念不再只是体现在口号上，这将对未来的社会形态产生影响。

开源的核心是制度创新。不管是对一个企业，还是对一个国家来说，新旧系统转换是一个痛苦漫长的过程，谁能快速实现转换，谁就能占据主导地位。在党中央、国务院高度重视开源体系建设的背景下，此书的出版有助于各级领导干部准确把握开源，加快推动中国数字化建设的进程。

2021年，我们就有编写开源读本的想法，先由我拟了一个提纲，找王伟、庄表伟讨论，后征求了李建盛、孙振华、孙明、章津楠、王永雷的意见，屠文怡、平昕怡、杨柠宁、孙兴、郗佳伟、刘柯廷、烟雨佳、杨文杰参与并形成一个初稿。2024年6月初，人民日报出版社联系我，我下定决心重新撰写，跟朱其罡讨论并确定了新的编写框架。我负责了前言、第1章开源及其发展历史、第2章开源与数字经济；王锐负责第3章数字商品生产线、第6章开源与数字贸易；纪利群负责第10章开源软件供应链；郭晧负责第4章开源服务业、第6章开源与数字贸易、第7章开源创新国际合作、第9章开放型组织与管理创新、第11章开源合规治理体系、第12章开源方法论；温馨负责第5章国家开源创新体系并得到了陈凯华老师的指导。竺彩华补充了第6章开源与数字贸易内容；王哲、屠文怡、刘柯廷参与了部分章节的内容补充、修订、校核等工作。中国科学院软件研究所以及安势科技公司对第10章开源软件供应链给予了专业的补充和建议。郭晧进行了统稿和统一修订，做出了大量的贡献。朱其罡为整个文稿提出了很多宝贵的修改意见，正是其出色的组织工作使得本书快速成稿。这里还要感谢任旭东、庄表伟、孙明、章津楠、李建盛、孙振华为本书提供的指导。

在缺乏理论框架的基础上编写一本书是困难的，但总要有人迈出第一步。我们尽量用叙事的方式介绍开源，以增强其可读性；同时还要把握好高度，增加其可操作性，可以对具体工作予以指导。本书也意在传播开源思想，引发大家的深层次讨论，逐步形成更加完整的、联系实际的开源理论体系。因学识有限，本书难免存在不足之处或疏漏，欢迎同行不吝指教，我们将在再版中予以修正！

张国锋

上海开源信息技术协会创始人、

上海对外经贸大学开源创新与数字治理研究院研究员

2024年12月16日

目　录

- 前言 / 001

第 1 章　开源及其发展历史

- 第 1 节　IBM 开放硬件标准获得竞争优势 / 007
- 第 2 节　自由软件运动的兴起 / 009
- 第 3 节　开源成功实践——Linux 操作系统 / 012
- 第 4 节　谷歌开源安卓手机操作系统获得成功 / 015
- 第 5 节　特斯拉开源软硬件获得成功 / 019
- 第 6 节　微软从拒绝到拥抱开源的历史性转变 / 021
- 第 7 节　开源软件商业化成功实践——红帽公司 / 024
- 第 8 节　开源组织及开源协议的兴起 / 028
- 第 9 节　DeepSeek 让世人再次见证开源的力量 / 030
- 小　结 / 032

第 2 章　开源与数字经济

- 第 1 节　公共基础设施的价值与意义 / 038
- 第 2 节　开源是数字经济公共基础设施 / 040
- 第 3 节　数字公共产品概念与标准 / 044
- 第 4 节　开源与国家数字主权 / 050
- 小　结 / 052

第 3 章　数字商品生产线

第 1 节　OpenAI 与人工智能产业 / 055

第 2 节　开源与智能汽车产业 / 058

第 3 节　金融开放共享平台与智能金融产业 / 061

第 4 节　开源芯片及其产业链 / 064

第 5 节　开源与云原生 / 071

第 6 节　工业自动化开源创新平台 / 076

第 7 节　开源与软件定义汽车 / 079

小　　结 / 081

第 4 章　开源服务业

第 1 节　开源服务业的兴起 / 085

第 2 节　开源安全公共服务平台 / 089

第 3 节　开源法律服务中心 / 092

第 4 节　开源代码托管平台 / 097

第 5 节　开源服务业未来方向 / 099

小　　结 / 101

第 5 章　国家开源创新体系

第 1 节　开源对科研范式、创新模式的影响 / 105

第 2 节　开源对社会创新的影响 / 110

第 3 节　开源对国家创新体系的影响 / 116

第 4 节　开源与国家创新体系治理 / 121

第 5 节　美国开源创新体系建设的经验和相关政策 / 123

小　　结 / 128

第 6 章　开源与数字贸易

第 1 节　开源技术与数字贸易 / 131

第 2 节　开源协议与数字贸易规则 / 137

第 3 节　开源合作与企业全球化 / 141

第 4 节　开源开放与制度型开放 / 143

小　结 / 146

第 7 章　开源创新国际合作

第 1 节　开源基金会的兴起 / 149

第 2 节　开源基金会的治理模式特点 / 155

第 3 节　开源基金会提供的主要服务 / 157

第 4 节　开源基金会发展的趋势 / 160

第 5 节　世界开源大会 / 162

小　结 / 164

第 8 章　开源协议与数字世界规则

第 1 节　开源协议历史演变及其作用 / 167

第 2 节　公共知识产权保护 / 171

第 3 节　数字世界的规则 / 174

第 4 节　数字世界规则的治理框架 / 178

小　结 / 182

第 9 章　开放型组织与管理创新

第 1 节　红帽公司的开放型组织实践 / 185

第 2 节　开源驱动的组织管理创新 / 188

第 3 节　开放创新型组织成熟度模型 / 190

小　　结 / 194

第 10 章　开源软件供应链

第 1 节　开源和安全性的思考 / 197

第 2 节　软件供应链安全问题刻不容缓 / 200

第 3 节　软件供应链管理面临的挑战和趋势 / 206

第 4 节　开源办公室 / 212

小　　结 / 216

第 11 章　开源合规治理体系

第 1 节　开源代码合规的治理挑战 / 219

第 2 节　开源代码合规治理的体系组成 / 222

第 3 节　开源项目的安全治理实践 / 227

小　　结 / 231

第 12 章　开源方法论

第 1 节　开源项目的开发和组织模式 / 235

第 2 节　开源文化对开源社区治理的驱动 / 239

第 3 节　开源社区实践的关键原则 / 245

第 4 节　开源方法论的应用 / 248

第 5 节　开源方法论的未来趋势 / 249

小　　结 / 250

参考资料 / 251

开源术语或缩略语 / 253

前　言

开源原意为开放计算机程序源代码，人们可以根据协议自由下载、学习、使用开源代码，也可以在原有代码基础上进行修改，并遵循开源协议公开其源代码。一开始，开源只是具有理想主义情怀的计算机程序员为反抗计算机软件厂商垄断而采取的行动。但以开放（Openness）、对等（Peering）、分享（Sharing）以及全球运作（Acting Globally）为代表的开源软件生产协作方式激发了创新激情，吸引了无数程序员参与，并逐步发展成为开源社会运动。"协作"——大规模"人人生产"，可以更加完全、更加有效地利用人的技能、天赋和智力，整合集体知识（由许多参与者组成的）、集体能力、集体资源，完成的成果远远超过一个单独的个体所能完成的。

得益于21世纪初互联网的普及，互联网平台及通信工具的出现促进了开源人士的交流和互动，有关开源的在线技术论坛及社区蓬勃发展。借助互联网，人们更容易获取计算机程序源代码，使得计算机程序源代码大规模生产协作成为可能。众多新涌现的互联网公司为了降低成本，纷纷选择开源的操作系统和数据库等，这为开源提供了大量应用场景，开源进入了一个快速发展期。

2014年6月12日，特斯拉宣布将开源软件系统、供应动力总成以及电池。特斯拉开放其所有专利，彻底打破了人们对专利的传统观念，颠覆了工业经济的商业逻辑。开源也从一个软件专用术语拓展到开源硬件、开放数据、开放模型、开放内容、开放标准、开放组织等。特斯拉通过开源，打破了传统燃油车企业的技术垄断，通过企业间技术的共享、协作、竞争，打造丛林化创新平台，激发革新，形成集聚效应，构建新的行业生态圈，利用现有的技术优势，通过开源代码的方式吸附更多的供应商加入，逐渐形成"特斯拉标准"。

2018年6月，微软放弃了15年来对开源的敌视态度，以75亿美元收购开源软件代码托管平台GitHub。2018年10月，IBM以340亿美元收购开源解决方案供应商红帽（RedHat）公司。一系列开源公司收购事件表明，开源这种技术极客的社会创新实践得到了认可。

开源在我国虽也经历30多年的发展，但其在数字经济发展中的战略性、基础性、先导性、、策源性和赋能作用远未为人们所认知。多数人对开源的认识还停留在技术层面，对开源本质及其社会运动规律的认识还不够，具有国际影响力的开源项目还不多，开源创新营商环境差强人意，开源创新与治理专业人才匮乏。

可喜的是，我国越来越重视开源。《国民经济和社会发展第十四个五年规划和2035年远景目标纲要》第一次将开源提到了国家战略高度，提出："支持数字技术开源社区等创新联合体发展，完善开源知识产权和法律体系，鼓励企业开放软件源代码、硬件设计和应用服务。"2021年11月30日，工信部《"十四五"软件和信息技术服务业发展规划》突出强调开源在驱动软件产业创新发展、赋能数字中国建设的重要作用，提出"繁荣国内开源生态"的重点任务，设置"开源生态培育"专项行动。大家都迫切想知道什么是开源。开源作为社会存在的内在机理，开源社区运营管理模式，开源产业与开源服务业，开源与数字经济、数字贸易及国家创新体系之间的关系，国际机构及主要发达国家有关开源的政策，开源社会存在将对我们的社会经济产生怎样的影响？如何推动开源创新工作？《开源前沿课》就是应时代需求，试图以故事和案例形式，从经济学、社会学、技术创新与国家战略角度，解释开源存在的经济逻辑，同时阐述开源对人们思想及行为方式的深刻影响，以提高各级领导干部在数字经济中的决策能力和管理水平。也希望广大读者能从战略高度认识开源，通过学习增强工作的主动性、前瞻性和有效性。同时，集聚国内外开源创新力量，推动国家开源创新体系高水平规划，前瞻性布局，塑造国际竞争合作新优势。

上海开源信息技术协会
2024 年 6 月

第 1 章
开源及其发展历史

一部计算机产业发展的历史就是开源开放的历史!

  开源在物理世界萌芽,经历了从理想主义到实际应用的转变,逐步成长为数字经济创新创业的主导模式,展现出新生事物的强大生命力。开源不只是技术创新,还涉及商业模式、生态系统、竞争战略、文化及价值观等。开源彻底颠覆了工业经济的商业逻辑,并深刻影响人们的思维方式、企业商务模式、社会经济运行规则。所以,了解开源及其历史有助于加强人们对数字经济及其运行规律的认知。

第 1 节　IBM 开放硬件标准获得竞争优势

计算机是由硬件系统和软件系统两部分组成的。1946 年，由美国军方定制的世界上第一台电子计算机"电子数字积分计算机"（ENIAC）在美国宾夕法尼亚大学问世。这台计算机造价约为 48 万美元。

以美国为主的世界主要发达国家都深刻认识到了计算机产业的价值及其对社会经济的潜在影响，纷纷加大了在计算机产业的布局和投入。美国的 IBM、苹果、DEC，日本东芝等商业公司，都开始制造计算机。起初，由于技术水平和生产效率的限制，每台计算机都价格高昂，因此用户数量相对有限，主要集中在大学、科研机构、银行、国防部门等。对于计算机厂商来说，硬件成为其主要收入来源，软件只是附属品而已。计算机厂商将软件（含源代码和文档）赠送给用户，用户可以根据需求修改软件，并与其他用户分享。这种开放和共享的模式，实际上就是软件开源的雏形，尽管当时还没有"开源"这一术语。为了交流学习使用计算机的技能，用户们自发建立社区，如由 IBM 用户构成的 SHARE、DEC 等，这是最早的开源社区。

软件是计算机的灵魂，硬件需要软件来驱动。在计算机发展初期，软件可以自由拷贝，源代码共享的精神吸引了无数爱好者，推动了计算机的普及和应用，促进了计算机革命和软硬件产业的发展。自由软件（如 GNU/Linux）和开源项目（如 Apache、MySQL、Mozilla Firefox 等）通过共享和协作的方式取得了巨大的成功，并成为各自领域中的事实标准。

苹果曾是最大的个人电脑市场供应商，为了维护其竞争优势，采用了封闭技术体系战略，通过专利等手段防止竞争对手进入电脑市场。苹果电脑软件是针对硬件量身定做的，其操作系统只能在苹果电脑上运行，而不能在非苹果设备上运行。苹果以先发优势，获得了最高的市场占有率。

20世纪80年代初期，市场上存在大量不同标准的个人电脑，例如，Apple机、TRS-80机、日本的PC-9801机等。当时，IBM占据着大型机（服务器）市场，也想进入潜力无限的个人电脑市场。1981年8月，IBM推出了IBM PC。1982年，IBM公开了IBM PC上除BIOS之外的全部技术资料，从而形成了PC机的"开放标准"，使不同厂商的标准部件可以互换。"开放标准"聚拢了大量板卡生产商和整机生产商，大大促进了PC机的产业化发展速度。IBM-PC的开放战略很快奏效，包括美国、日本、中国在内的大量新兴IT公司不断加入兼容机的生产行列，如DEC、联想、LG、康柏、戴尔等。到20世纪90年代初，个人电脑市场上仅剩下IBM PC兼容机和麦金塔电脑（Macintosh）两个主要系列，并且IBM兼容机的数量占据了绝对主导地位。随着IBM兼容机的发展，计算能力大大提高，甚至蚕食了小型机的市场份额。在IBM PC兼容机逐步成为事实上的PC标准过程中，为微软、英特尔，以及大量兼容机部件商、兼容机厂商提供了市场机会。IBM一度成为笔记本的代名词，而苹果公司则失去了个人电脑市场的主导地位。

IBM开放IBM-PC体系架构，加快了计算机产业链供应链的形成，计算机性能不断提升，价格持续下降，用户数量和使用范围也在不断扩大。然而，计算机厂商提供的软件仅能满足用户的基本需求，一些专门从事软件开发的商业公司应运而生。如微软专门做操作系统、办公软件，甲骨文专注开发数据库，SAP专门做企业管理软件ERP。它们独立于硬件制造商，推动了软件产业进入了黄金发展时期。

第 2 节 自由软件运动的兴起

软件公司的传统模式是为用户提供编译好的程序（而不提供源代码），用户购买后，即可安装使用。当用户遇到问题可向软件公司付费请求专业服务。与物质商品不同，软件往往无法一次性完全交付，需要不断更新换代，其需求也来自用户。软件公司在为客户服务过程中，不断收集用户需求，据此改进软件功能，用户并不直接参与软件修改。由于用户需求千差万别，软件公司很难收集到所有用户的需求，并且从发现问题到完成修改的周期也比较长。软件工程师开始对这一模式提出疑问，他们希望拥有修改源代码的权力。然而，源代码若可以自由拷贝，那么软件公司的利益就无法保证。因此，这一提议遭到了软件公司的强烈抵制。

理查德·马修·斯托曼（Richard Matthew Stallman）于 1953 年出生在美国纽约曼哈顿地区。1971 年，他考入哈佛大学，后来受聘于麻省理工学院人工智能实验室。实验室的一台打印机附带有驱动程序的源代码，实验室的技术极客们可以随意修改驱动程序，比如，添加新功能，改正源代码错误等，不仅方便了工作，还带来了成就感，增加了工作的乐趣。后来，施乐公司送给麻省理工学院一台激光打印机。这台打印机性能强，打印清晰度高，但不时也会有问题出现。当多台电脑同时发出打印请求时，它可能会出现卡纸的情况。打印机是由软件控制的，作为软件工程师，斯托曼认为可以用软件来弥补硬件的不足。可问题是这台打印机用的是专有软件，没有源代码。斯托曼试图向一位拥有这台打印机源代码的卡内基梅隆大学老师求助，但遭到拒绝，该老师声称与打印机公司签有不向他人提供源代码的保密协议。

这件事只是软件商业化时代的一个缩影,也反映了工业时代人们独占排他的认知:既然软件凝结了人们的劳动且具有交换价值,那么它就应当得到保护。为了推动软件的商业化进程,商业公司通常要求程序员签署保密协议。泄露源代码被视为不当行为,更不要说主动共享了。

"这不合理!"斯托曼无法容忍专有软件独霸软件世界,更不能忍受被剥夺按照自己的需求修改软件的权利和乐趣。斯托曼认为,通过源代码共享模式,软件工程师不仅可以直接使用代码,也可以在原有基础上补充完善,从而避免重复劳动,那么为什么这种对个人、对集体、对社会都极具价值和意义的事情不能推广?

斯托曼决定行动起来,构建一个"人人为我,我为人人"的软件新世界。操作系统作为计算机的基础,自然成了他的首要目标。斯托曼计划从开发一套自由的操作系统开始,并以此为中心,开发各种各样的自由软件。他试图将使用、复制、研究、修改、分发软件的权利归还给软件世界的每一位公民。1983年9月27日,斯托曼在新闻组上公布了GNU计划(GNU是"GNU's Not Unix"的递归缩写),并选用一头角马的头像作为这个计划的标志,目标是创建一套完全自由的操作系统,并附带一份《GNU宣言》。在该宣言中,斯托曼声称发起该计划的一个重要理由是要"重现当年软件界合作互助的团结精神"。

图1-1 GNU非洲角马,自由软件的吉祥物

当时，UNIX是技术领先的商业版操作系统，每家公司每年必须支付几百万美元的高额许可费才能获得其使用权。GNU计划就是要创造一套类似UNIX的操作系统，系统本身为自由软件，以后建立在该系统上的所有软件也必须是自由软件。斯托曼希望通过这种开放和协作的模式，快速形成一个以自由软件为主体的新生态系统，人们可以免费获取，随意使用、修改和再分发。值得一提的是，GNU系统使用与UNIX相同的接口标准，这样人们就无须担心不同工程师之间、不同时间生产劳动所产生的协作问题。

当时，像麻省理工学院这样的美国大学都有研究成果归学校所有的制度规定。斯托曼希望自己的研究成果归公共所有，而非由某个人或某机构独占。于是，斯托曼于1984年1月份辞去了麻省理工学院的工作，这样他就无须担心麻省理工学院会要求产品所有权等问题了。从此，斯托曼作为自由职业者终生投入到自由软件社会运动中。

一个人的力量是有限的，要想将开放软件源代码工作持续推进下去，就必须有组织上和制度上的保障。1985年，斯托曼创建自由软件基金会，其主要工作就是执行GNU计划。1989年，斯托曼又召集律师起草了《GNU通用公共许可证》也就是GPL（General Public License）协议，创造了Copyleft（著佐权）授权办法。根据GPL协议，所有GNU程序都可以拷贝、可以修改、可以出售，但所有的改进和修改必须向每个用户公开，所有用户都可以获得改动后的源码。GPL协议保证了自由软件传播的延续性。

理查德·斯托曼所处的20世纪80年代，商业化和软件专有化席卷了整个计算机产业，很多有才能的程序员纷纷进入大公司或自发创业，获得了巨大的经济利益。在极度商业化的专有软件世界里，人们受工业时代独占排他思想的影响，签署不公开协议，并承诺不帮助竞争对手。程序员之间的相互协作和交流也因此受到严重影响，开放社区人气低迷。但理查德·斯托曼坚持自己的信念，不为世俗所动，在极其困难的情况下积极开展工作，为自由软件运动建立起道德及法律框架，对于自由软件的发展具有十分重大的意义。因此，理查德·斯托曼被誉为自由软件之父、自由软件的斗士、伟大的理想主义者，成为自由软件运动的精神领袖。斯托曼曾获得多项大奖和荣誉，如麦克阿瑟天才奖，他在2002年成为美国国家工程院院士。

自由软件关乎使用者运行、复制、发布、研究、修改和改进该软件的自由。更精确地说，自由软件赋予软件使用者四种自由。

第一，有使用该软件的自由，无须考虑出于什么目的。

第二，有学习研究该软件并改写的自由。前提是获得该软件源代码。

第三，有传播拷贝的自由，这样可以惠及更多的人。

第四，有改进该软件并向公众发布改进后软件的自由。前提同样是拥有该软件的源代码。

理查德·斯托曼极具斗争精神，对违反自由软件精神的事情毫不留情。他四处宣传自由软件，毫无保留地发表自己的观点，"GUN 代表自由的思想，但不是免费的午餐。"斯托曼的自由软件运动影响深远，间接影响了 Linux 操作系统、谷歌、特斯拉、红帽等商业奇迹。

第 3 节　开源成功实践——Linux 操作系统

操作系统是用户和计算机的接口，同时也是计算机硬件和其他软件的接口。操作系统的功能包括管理计算机系统的硬件、软件及数据资源，控制程序运行，改善人机界面，为其他应用软件提供支持等，使计算机系统所有资源最大限度地发挥作用，提供了各种形式的用户界面，使用户有一个好的工作环境,为其他软件的开发提供必要的服务和相应的接口。

20世纪80年代,是计算机软硬件大发展时期,UNIX操作系统占据着大型机市场,微软的DOS操作系统(Windows前身)占据着个人电脑市场。受自由软件运动的影响,很多年轻人走上了开源创新的道路。他们试图创建一个自由的操作系统,摆脱专有软件UNIX和微软操作系统的控制。

GNU激励着许多年轻的软件开发者,通过共享代码分享自己的编程技能,从而可以赢得粉丝和社区的尊重,这种远超物质刺激的精神力量成为最大的激励动力。通过开源项目,GNU很快获得了认可,一些商业公司也开始介入开发和技术支持。其中最著名的有Cygnus Solutions(后被红帽兼并),他们编写了除操作系统内核(Hurd)以外的大量自由软件。

1991年8月25日,还在芬兰赫尔辛基大学计算机系读书的林纳斯·托瓦兹(Linus Torvalds)发布了Linux的第一份开源代码。起初,Linux只是一个默默无闻的小项目,与同期的NET BSD和386/BSD相比,它在任何标准下都显得微不足道。GNU计划建立一个完整的自由软件世界,但其中最基础的操作系统(内核)开发进展却相对缓慢,Linux正好弥补了这一空缺。Linux具备一个操作系统应具备的编译、项目管理、运行各种工具和各种函数库的能力,试图将所有软件和硬件连接起来。

图1-2　Linux logo

与理查德·斯托曼的鲜明个性不同，林纳斯·托瓦兹虽然倡导自由软件，但从不对自由软件应该是什么妄加评论。或许正是 Linus 的个人魅力，越来越多的工程师愿意与其合作，加入 Linux 开发者社区。Linux 最终成为商业世界最成功的开源软件。

30 年来，林纳斯·托瓦兹一直引领着 Linux 内核的开发，启发了无数开发者和开源项目。2005 年，Linus 开发了 Git，用来管理内核开发过程。Git 现在已经成为最流行的版本控制系统，受到无数开源和私有项目的信任。

如今，Linux 已经成为 IT 领域的王者。世界上几乎所有的主要网站，包括谷歌、Facebook 以及维基百科，都运行在 Linux 之上。在云计算领域，Linux 是全球主要云计算平台上最常用的操作系统，包括亚马逊 AWS、微软 Azure、谷歌云（GCP）等。在微软 Azure 上，尽管 Windows Server 系统也占有一定的份额，但约 60%-70% 的 Azure 虚拟机实际运行的是 Linux，全球五百强超级计算机全部采用 Linux。在移动应用领域，市场抢眼的 Android 移动操作系统的内核也是 Linux。

有人总结了 Linux 成功的四大因素：一是开源社会运动深入人心，开发者普遍对闭源的微软 Windows 操作系统持抵制情绪；二是 Linux 对主流硬件 Intel 架构的支持；三是 Linux 本身的开放性和灵活性；四是创始者林纳斯·托瓦兹的务实精神和性格上的亲和力。

从经济学角度看，Linux 成功验证了数字规则。

第一，Linux 的成功验证了开源模式的有效性。从生产组织模式看，Linux 采用了分布式自组织模式。事实证明这是数字商品（软件等）最有效的生产协作模式，其对数字经济的影响极其深远。雷蒙德在其《大教堂与集市》中，将 Linux 列为开源成功的案例。事实上，托瓦兹本人是操作系统的技术专家权威，Linux 在完成内核构建以后，需要大量工程师协同完成整个架构的设计。大家分工协作，创造了一座软件大厦。

第二，Linux 的成功验证了赢者通吃、强者愈强的数字经济新规则。Linux 自一开始就吸引了无数来自开源社区的开发者的支持。为了对抗微软 Windows 操作系统，众多软硬件厂商出于降低对特定厂商依赖的战略需要纷纷拥抱 Linux 操作系统。在众多软硬件厂商和开发者的支持下，Linux 不断迭代，不断完善成软件产品，并成为事实上的标准。

第三，很多企业，尤其是一些大企业的支持，是 Linux 走向成功的又一大关键因素。红帽公司、Caldera、SUSE 和 Turbo Linux 等直接经销商围绕 Linux 产品提供专业服务，成为 Linux 成功的强大商业力量。同时，像甲骨文、IBM 等企业巨头也为 Linux 商业发展提供了持续的动力。IBM 为 Linux 企业架构投入 10 亿美元的巨额资金。IBM 支持 Linux 的理由是它可以跨各种硬件平台运行，跨平台性能也为 Linux 提供了更多的发展机会。

第 4 节　谷歌开源安卓手机操作系统获得成功

个人电脑时代，为对抗闭源的微软 Windows 操作系统，Linux 通过开源获得竞争优势。移动互联网时代，面对苹果手机的优势，谷歌通过开源开放，快速建立起以安卓为中心的手机软硬件生态系统，获得了霸主地位。

2019 年，谷歌根据美国政府有关实体清单的命令，禁止华为使用安卓操作系统核心功能，这一事件促使国内企业认识到开源的价值和意义。2019 年 8 月 9 日，华为正式发布操作系统鸿蒙 OS。这是一款全新的面向全场景的分布式操作系统，创造一个超级虚拟终端互联的世界，将人、设备、场景有机地联系在一起，让消费者在全场景生活中接触的多种智能终端实现极速发现、极速连接、硬件互助、资源共享，用合适的设备提供场景体验。了解手机操作系统这段历史，有助于我们认识产业链安全及生态系统的重要性。

说到安卓操作系统,我们不得不先介绍苹果的 iOS 操作系统。

2007 年,苹果推出了 iPhone,这是一款结合了 iPod 和手机功能的科技产品。iPhone 凭借其流畅的动画、多点触控的交互方式以及简洁的 UI 设计颠覆了人们对传统手机的认识。触控屏取代了传统物理键盘,开创了移动应用新时代,其创新的设计使苹果稳居智能手机榜首。iPhone 不仅在移动设备领域改变了人们的生活方式,也引领了整个行业的设计和发展方向。iPhone 的成功,不仅得益于其精美的机身、高性能的内核以及出色的摄像头等,还在于近乎完美的 iOS 操作系统。虽然 iOS 的基础是 Darwin 开源操作系统,但是在开源大趋势下,苹果还是采用了闭源技术路线。在苹果看来,封闭与自由并不矛盾。

2008 年 3 月,苹果发布了 iPhone OS 2 系统,在 iOS 2 上推出了苹果应用商店(App Store),这是 iOS 发展历史上的一个里程碑。收入三七分成的制度和良好的生态环境迅速吸引了大量 iOS 开发者。很快,iPhone 几乎变成了一款"万能"的手机:量角器、水平仪、游戏机,其中还不乏"喝啤酒""吹蜡烛"等游戏。(对比传统手机:只能打电话发短信等基本操作,那时 iPhone 的出现引起了世界级的轰动)。并且,在此后的几年中苹果不停地完善应用商店。直到现在,应用商店成了苹果最骄傲的地方之一。

苹果的成功并非取决于新产品,而是源于优秀的软件市场,苹果的生态系统非常完善,将其所有产品全部捆绑在一起。随着苹果 iPhone 逐渐占据了主导地位,Palm、黑莓、诺基亚和 WiMo 越来越难以维持移动市场的份额,"逐步退出市场"。

iPhone 的极简设计和触摸屏重新定义了手机,向人们展示了移动端的发展趋势和方向。商业巨头都认识到了移动市场隐藏的巨大商机,而操作系统无疑是这场商战的核心与入口。苹果 iOS 采用闭源模式,这给谷歌发展留足了空间。

安卓之父安迪·鲁宾有过苹果、微软等著名科技公司的工作经历，安卓手机操作系统是其从微软离职后的创新项目，是为了开发"更智能的移动设备，更了解用户的位置和喜好"。开发一个操作系统需要巨大投入，安迪·鲁宾不得不向谷歌寻求帮助，正好谷歌也希望进入移动端市场，2005年，安迪·鲁宾带着自己的团队加入谷歌。

2007年11月5日，谷歌对外展示了安卓（Android）系统，并宣布建立联盟组织，即开放手持设备联盟（Open Handset Alliance）来共同研发改良安卓手机操作系统。该组织由手机制造商、软件开发商、电信运营商、芯片制造商、硬件制造商、电信营运商组成。成员包括HTC和摩托罗拉等手机制造商，高通和德州仪器等芯片制造商，以及T-Mobile等运营商，他们共同研发改良安卓系统，同时以阿帕奇（Apache）开源许可证的授权方式，发布安卓源代码。

开源策略相当于开放技术标准和接口，使得软硬件厂商能够迅速与安卓建立连接，对于寻求商业合作的下游硬件厂商来说很有吸引力。为了吸引更多厂商加入安卓生态系统，谷歌坚持安卓开源。很快，围绕安卓手机操作系统的产业链（生态系统）形成。据谷歌官方数据，2011年1月，每日安卓设备新增用户数量达到了30万部，而到2011年7月，这个数字增长到55万部。2011年7月安卓系统设备的，用户总数达到了1.35亿，成为全球范围内智能手机操作系统市占率最高者。而曾经的手机霸主诺基亚（使用塞班操作系统）开始走下坡路，并最终破产。除了老竞争对手苹果外，安卓操作系统成功击败了塞班、黑莓、Palm OS、Web OS和Windows Phone等众多竞争对手。如今，安卓系统的影响力还在不断扩大并逐渐扩展到其他领域，例如电视、数码相机、游戏机、汽车等。

谷歌依托开源的安卓操作系统，建立起谷歌主导的移动服务（Google Mobile Service，GMS），如应用商城、Gmail邮箱、YouTube视频、谷歌地图等，这些才是谷歌的核心竞争力。2019年5月，谷歌公司根据美国政府的政令，禁止华为新款手机使用 GMS 服务。这对国内用户影响很小，但对于依赖海外市场的华为手机来说影响巨大，因为没有这些服务，再好的手机硬件对用户来说也只是一个空壳而已。

　　谷歌以开源为手段，掌握着安卓生态系统的技术标准和规则。无论是硬件厂商还是应用开发者，其实都处于谷歌的控制之下。2020 年初，谷歌公司以"广告不合规"为由直接下架了猎豹移动的 45 款应用，没有留给猎豹移动任何整改或挽回的机会。作为游戏规则的制定者，谷歌在操作系统控制软硬件厂商的严和松之间把握尺度，这是其最终击败苹果的 iOS、微软的 Windows Phone 等先行者的重要原因。

　　全球手机操作系统市场主要产品包括安卓、iOS、Series 40、Samsung 等。根据 Statcounter，截至 2021 年 7 月，全球手机操作系统市场中，安卓市场占有率为 72.27%，远高于其他操作系统，位居第二名的是苹果公司 iOS 操作系统，其市占率为 26.95%，其他 Series 40、Samsung 等占比约 0.78%。

　　从变化趋势来看，近几年在全球手机操作系统的市场竞争中，安卓和 iOS 龙头地位稳固，其中安卓市场份额在 2020 年稍有下滑，而 iOS 自 2016 年开始保持持续增长态势，其他 Series40、Samsung 等操作系统则逐渐退出市场。

　　如果说，搜索引擎是互联网时代的入口，催生了谷歌、百度等互联网巨头。那么，移动互联网时代搜索引擎的入口又是什么？谷歌通过安卓开源取得了移动互联网时代新的竞争优势，而很多公司在移动时代丢掉了"船票"。谷歌认识到，手机操作系统才是最根本、最核心的系统，谷歌抓住了这一历史机遇，通过做安卓开源获得了巨大的成功。但也有人指责安卓不符合开源精神，认为谷歌开源是商业策略，因为安卓核心代码由谷歌一家公司贡献，不像 Linux 有多家贡献者。

　　面对苹果在手机市场的领先优势，谷歌以开源为竞争手段，在商业上获得了巨大成功。

第 5 节　特斯拉开源软硬件获得成功

2014 年 6 月 12 日，特斯拉 CEO 伊隆·马斯克宣布将开放特斯拉的所有专利技术。特斯拉官网《我们所有的专利属于你》文章宣称，"我们本着开源运动的精神，开放了我们的专利，目的是推动电动汽车技术的进步"，"任何人如果出于善意想要使用特斯拉的技术，特斯拉将不会对其发起专利侵权诉讼"。

2014 年 7 月 1 日，保罗·纽恩斯和约书亚·贝林在《哈佛商业评论》上发表文章《特斯拉专利开源揭示三大战略真相》。文章首先分析了马斯克此举的动机，一是面对强大竞争对手的商业战略，开源可以冲击传统燃油汽车，形成对电动车整体发展有利的局面；二是降低电动车零部件供应商成本，推动更多电动车基础设施的发展，使电动车更具吸引力、更便宜，这些最终都有利于特斯拉；三是吸引其他汽车制造商使用特斯拉标准，当涉及电池和部分特种电动车时，选择特斯拉作为供应商。四是推动专利改革，利用特斯拉的曝光度引发深入对话，这可能最终带来专利体系改革。五是作为仅仅是一种宣传手段，引起消费者对电动车的关注，树立特斯拉良好的社会形象。马斯克的战略很有效，在其博客发布后五天内，特斯拉的股价上涨了 10%。《金融时报》报道，尼桑和宝马等主要汽车生产商正排队与特斯拉探讨有关充电网络与标准的合作问题。文章从商业竞争的角度，得出重要结论：生态系统越来越重要。

专利是企业核心竞争力，苹果、三星等曾在全球发起过专利诉讼，而特斯拉却要开放所有专利供业内免费使用，其背后的商业逻辑值得深思。马斯克指出，"开放专利只会增强而不会削弱特斯拉的地位，技术领导地位不取决于专利,而取决于公司吸引和调动人才的能力"。马斯克认为,专利相当于一道围墙,保护自己但会阻碍行业进步,这种做法不正确。

特斯拉开放专利的做法源于开源思想,背后蕴藏着特斯拉的商业战略。

2014年,全球每年新增近1亿辆汽车,但电动汽车占比不到1%,电动车的发展速度完全追赶不上日益增长的传统燃油汽车。2015年,特斯拉全球年销量仅仅为2.25万辆,传统燃油汽车才是市场主流。面对强大的燃油车竞争对手,特斯拉通过开放技术模式,吸引无数厂商加入电动车生态系统中,共同参与电动车产品研发,快速形成规模效应,降低了成本,尽力将电动车"蛋糕"做大。同时特斯拉通过"开放专利"实现品牌营销,吸引更多的资金、优秀人才、尖端技术涌入,提高品牌的影响力、科研实力和资金保障力。

另外,电动汽车最重要的是充电桩及网络。当时,中德已就充电标准达成了一致。特斯拉开放专利吸引更多的企业来共享。一旦形成了规模,越来越多的企业就会加入特斯拉所谓的"共同技术平台",从而事实上形成特斯拉充电标准。在马斯克看来,技术领导力不是由专利来定义的。"最好的专利保护,是一个公司吸引和激励世界上最具天赋的工程师的能力。"因此,他欣赏以创新取胜的公司,不希望通过专利阻止对手。特斯拉免费开放专利,正是旨在希望推动新能源汽车行业共同向前。

与特斯拉电动汽车技术路线不同,丰田汽车采用的是氢燃料电池车型,布局早且拥有大量专利技术。丰田采用传统的供应商模式,只对付费的供应商开放技术,造成氢燃料电池汽车成本较高,只是一个小众的市场。丰田更早地发现了电动汽车以及氢燃料汽车的商业机会,但因为沿袭传统的专利模式,失去了做大做强的历史机遇,而特斯拉开放专利形成了庞大的市场。

特斯拉开源举措快速推动了新能源汽车的发展,"特斯拉效应""特斯拉标准"一度成为开放技术的代名词。2020年底,特斯拉股票大涨5倍,市值突破6000亿美元,市值已经超过了包括大众、丰田、日产、现代、通用、福特、本田、克莱斯勒、标致九大汽车制造商市值之和,成功登顶全球第一大市值汽车公司。

特斯拉的成功,示范效应明显,极大地推动了我国电动汽车产业的快速崛起。蔚来、东风、宁德时代也因此获得了发展壮大,我国逐渐成为智能汽车出口大国。

第6节 微软从拒绝到拥抱开源的历史性转变

1975年,19岁的比尔·盖茨从哈佛大学退学,与高中同学保罗·艾伦开发出供计算机初学者学习的程序设计语言BASIC。很多计算机制造商在系统中采用微软BASIC,随着微软BASIC的快速成长,计算机制造商采用微软BASIC的语法以及功能以确保与微软产品兼容,微软BASIC逐渐成为公认的市场标准,微软逐渐占领了市场。

1983年,已经是PC蓝色巨人的IBM与小公司微软签订合同,IBM以一次性约8万美元的价格购买微软MS-DOS操作系统的永久使用权。借个人计算机市场快速崛起之势,MS-DOS获得了巨大成功。

微软将软件当作商品售卖,极大地促进了软件产业的发展。在比尔·盖茨之前,人们根本不知道软件还能独立成为一个行业。

微软后来开发出著名的Windows操作系统、Office办公软件、Visual Basic程序设计语言以及IE浏览器。很快,微软公司成为很多软件产品市场的龙头。

微软是软件商业化最成功的公司，自开源 Linux 操作系统出现后，就将其视为主要竞争对手。微软甚至专门出台了一份对自由软件以及开源采用"包围、扩展、毁灭"的万圣节文件。时任微软 CEO 的鲍尔默（Steve Ballmer）曾说过"开源软件是知识产权的癌症"，还宣称"Linux 是颗毒瘤（Linux is a cancer）"，并曾经偏执地认为所有开源软件都不值一提。以微软为首的商业软件巨头们对开源软件进行了长时间的无情打压。

作为强势的一方，面对竞争对手，传统的一种策略是收购，但对于自由软件来说不起作用。因为自由软件属于公共产权，即便失去了创始人或公司的支持，也依然能够生存。于是，微软采用大公司惯用的 FUD 策略。FUD 是恐惧（Fear）、不确定（Uncertainty）、怀疑（Doubt）的缩写，是行业垄断巨头对付比自己弱小的竞争对手时使用的打压手段之一，即对客户灌输关于竞争产品的负面观念，在顾客头脑中注入疑惑与惧怕，借此打压竞争对手。

20 世纪 90 年代后期，微软公司声称 Linux 没有经过充分测试，是不可靠的。但实际上，开源的特性使源代码可以公开审查程序员们能够发现并修复尽可能多的错误。这种攻击反而为 Linux 起到了宣传作用，除微软公司外几乎所有重要软硬件厂商都开始支持 Linux。

21 世纪初期，互联网助推开源软件蓬勃发展，微软利用其社会影响力公开攻击 Linux 操作系统，试图破坏 Linux 的社会形象。2002 年底，微软资助权威机构 IDC 发布研究报告，宣称 Windows 比 Linux 更便宜。微软还资助 Aberdeen Group 发布研究报告，以受攻击的次数作为安全性评价指标，称安全性最差的操作系统不是 Windows，而是 Linux。事实上，在经受了无数次安全攻击并修复漏洞后，Linux 更加安全。

2007 年 5 月，微软公然宣称开源软件侵犯微软公司旗下 230 多项专利,并详细列举了 Linux、OpenOffice 等开源软件侵权的事实。面对微软的法律威胁,开源社区及用户以联名形式抗议,并将自己的名字以及所使用的开源软件公布在互联网上,揭露微软打压开源的阴谋。

发展中国家面对商业软件的强势垄断,鼓励企业寻求开源替代方案,这无疑触动了微软等商业软件巨头的利益。2010 年,由 MPAA 和 RIAA 等组成的国际知识产权联盟向美国贸易代表提出请求,将印度尼西亚、巴西和印度等国家纳入其《特别 301 报告》点观察名单,理由是这些国家政府在鼓励使用开源软件。美国一些政客将他国使用开源软件视为盗版,认为开源是对传统商业软件公司知识产权的破坏。

所谓的《特别 301 报告》,是一份由美国主导的研究报告,旨在"检查"全球"知识产权的充分性和有效性"——最初主要针对的是仿制药、盗版软件、盗版光盘等问题。

随着开源生态系统的不断完善和发展,开源服务业逐渐兴起,特别是红帽公司在商业上取得成功,微软对开源的态度才开始转变。2014 年,微软新任 CEO 萨提亚·纳德拉声称,微软要全面拥抱开源。2018 年 6 月,微软以 75 亿美元收购世界上最大的开源代码托管平台 GitHub,成为开源成功的标志性事件。根据 2016 年统计,微软成为全球 GitHub 上贡献开源项目最多的组织。

关于商业软件与开源软件的关系,我们认为二者是相互成就的。如果没有比尔·盖茨,软件就不可能成为一个真正的产业。也正是商业软件公司的成功,促进了软件产业的发展,特别是培养了大量具有丰富产业经验的软件工程师。也正是他们,在具备了基本的物质生活基础之后,积极响应开源号召并投身于开源事业。事实上,不少优秀开源项目一开始就将商业软件作为功能参照物。正是商业公司的长期耕耘,为开源提供了大量高质量的人才储备和技术创新力量,才促进了开源的发展。

PC 时代最成功操作系统——微软 Windows，作为闭源软件，以向硬件制造商收取操作系统的授权费用牢牢掌握了下游厂商。尽管其软件生态是开放的，但还是会和应用软件开发者发生竞争关系，比如在浏览器工具（网景 Netscape 与微软 IE 浏览器）、媒体播放工具（RealNetworks 与微软的 Windows Media Player）、办公软件（莲花 Lotus 与微软的 Office 套件）上的竞争关系。事实证明，微软凭借操作系统的成功，对这些 PC 时代的工具软件公司具有碾压式优势。微软采用捆绑销售的形式极力扩大自身的软件帝国版图，这离不开 PC 时代应用空间有限、市场格局狭小的特征。

第 7 节　开源软件商业化成功实践——红帽公司

根据开源的定义，人人都可以获得开源代码的使用权，所以有人将开源与免费等同，认为开源缺乏可持续发展的动力机制，这也是投资人一开始不看好开源的主要原因。然而，红帽开源软件商业化的成功实践，推动了开源产业和开源服务业的发展。

1993 年，鲍勃·扬（Bob Young）成立了 ACC 公司，主要业务是出售 Linux 和 Unix 软件。

尤因（Ewing）在卡内基梅隆大学学习期间，深受开源思想的影响，乐于帮助解答计算机技术方面的问题。因经常戴着祖父赠送的一顶红色的帽子，人们常说"如果需要帮忙，就去找那个戴红帽子的人"。1994 年，马克·尤因推出 Linux 发行版，选择红帽（Red Hat）作为品牌的名字。

20 世纪 90 年代，美国司法机关对微软公司发起反垄断诉讼，而红帽 Linux 则是一个很好的可替代方案。鲍勃·扬认为开源的红帽 Linux 市场前景广阔，市场也证实了鲍勃·扬的眼光，红帽 Linux 光盘非常火爆。鲍勃·扬干脆于 1995 年收购了尤因的企业，两者合并成为红帽软件公司，由鲍勃·扬担任首席执行官。

红帽公司没有为红帽 Linux 申请专利，也没有将红帽 Linux 作为商业秘密保护起来，而是基于开源理念，将 100% 源代码开放给用户和社区。红帽坚信开放合作是快速共创并迭代更好软件的最佳方式。红帽公司早期的市场策略和理念，即越过专业技术公司的障碍，全面拥抱开源。红帽向传统且封闭、垄断的技术行业发起了挑战，此举赢得了客户、开发者、合作伙伴的信任，基于红帽技术标准的生态系统逐步形成。1999 年，红帽公司正式在纳斯达克上市，资本市场认可并验证了红帽公司在商业上的成功。

在计算机普及的初期阶段，人们通过磁盘或光盘等物理介质存储软件源代码，市场上售卖的都是盒装产品。早期的红帽 Linux 也是盒装软件，在零售店中与微软 Windows 等操作系统软件摆在一起。红帽还销售带有红帽 Logo 的帽子、T 恤衫和贴纸，从中也获得了一定收益。

虽然红帽的开发模式是开源的，但分销系统还是传统模式。红帽 Linux 版本平均六个月更新一次，客户必须再次购买新版本盒装软件才能使用新功能。2001 年，互联网开始普及，红帽公司果断中止了盒装红帽 Linux 的分销，开始以订阅模式出售红帽企业版 Linux。

2006 年，红帽确立了更伟大的愿景：要成为 21 世纪具有引领作用的技术公司，以实际行动推动内容和技术民主化进程，并加固于社会结构之上。①

---

① To be the defining technology company of the 21st century, and through our actions, strengthen the social fabric by continually democratizing content and technology.

所谓订阅模式，就是对用户按年收费。几乎所有人都认为这种模式不靠谱，用户通过互联网可以轻松获得软件源代码，还有谁愿意为此付费？

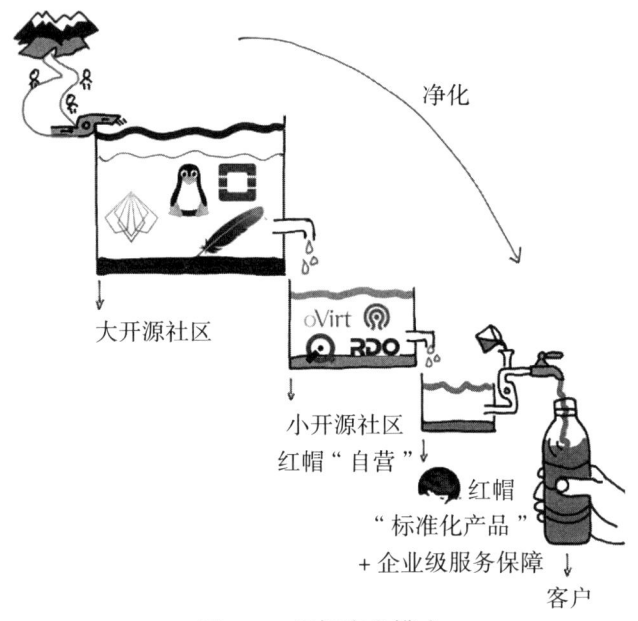

图1-3　红帽商业模式

红帽持续向开源社区投入，起到技术引领作用，同时吸引开发者参与贡献。经过开源社区千锤百炼的好项目，红帽将其融入到产品体系中。这有点像过滤纯净水一般，虽然很多人可以从开源社区免费获得代码（一般的水），但一定有高端客户愿意为"纯净水"埋单。事实上，互联网平台企业、金融等企业往往对产品稳定性及安全要求很高，他们成为红帽的主要客户。

这再次证明了红帽的远见，红帽企业级Linux获得市场高度认可。红帽的商业模式日益成熟，并因此获得了十多年快速稳定的增长。红帽公司又将商业上成功及获得的收益投资于开源社区，将更多经过开源社区验证的好项目过滤下来，并加入红帽的产品系列，因此获得了更多的普适特性和功能。

红帽积极参与开源技术贡献，从而获得技术主导权；将开源社区中的上游技术产品检验、测试、打包，添加到红帽的产品组合中；结合红帽现有的广泛且丰富的客户支持、相关资源和合作伙伴服务，以提升产品的总体价值；最后，向企业和政府销售企业级的技术产品组合。

"并非是 Linux 或 OpenStack 等技术方面的成功，而是开源这种新的商业模式的成功。"

——红帽大中华区总裁张先民博士

为什么开源成为软件的主流开发模式？

- **开放交流**：自由交流，彼此启发，激发创新热情；
- **协作**：自由协作，可以共同解决个体无法独立解决的问题；
- **更快的原型迭代**：快速的迭代可能会导致试错，但也可能更快地找到更优的解决方案。当人们可以自由试验时，就可以用新的视角看问题；
- **优胜劣汰**：在开源组织中，最优质的观点会被采纳，最优的功能会进入最终产品，每个个体都可以获得相同的信息，社区共创能不断对优质参与者进行激励；
- **社区的力量**：社区通常是围绕共同目标形成的，一个全球性的、开放的社区可以创造超越任何个体能力的成果，付出的势能在社区中会被放大。

红帽坚持 100% 开源，并持续向开源社区贡献代码，提高了其在 Linux 社区中的声誉。同时，红帽不断为关键的开源项目作出贡献，提高了其在技术发展方向上的发言权，从而可以积极参与并影响项目的发展方向。

第 8 节 开源组织及开源协议的兴起

开源社区在发展过程中也经历过野蛮生长时期。出于对商业软件的敌视,一些狂热分子通过破解商业版软件炫耀个人技术能力,还有人参与贩卖破解版商业软件。2005 年,一位 Linux 社区成员破解了 BitMover 公司免费给 Linux 社区使用的版本管理工具 BitKeeper,BitMover 公司一气之下终止了与 Linux 社区的合作。Linus 本人在无奈之下写出了一个全新的开源版本管理工具 Git。用户使用了盗版的商业软件,对开源自由软件的需求自然会降低,开源社区失去用户和原本可以贡献代码的参与者。开源有识之士认识到,盗版猖獗影响的不仅是商业软件,也不利于开源公共知识产权的维护,最终影响到开源创新。

开源还遇到可持续发展等现实问题。英语单词 Free 既有自由的含义,又有免费的意思,就有人将自由软件理解为免费软件。有人长期"白嫖"开源软件,但从不向开源社区贡献代码,也不向开源项目提供捐赠;有人希望开源软件永远免费,还会站在道德制高点批评开源项目的商业化,甚至理所当然地向开源作者索要免费的技术支持。一些开源项目得不到资金的支持,版本无法更新,也没人帮助用户解决问题。还有人甚至采取删库等极端做法,报复那些长期使用却不支付费用的用户。不遵守开源协议、因政治因素干涉开源事件屡有发生。

有人将开源与无版权混为一谈。开发者将代码贡献给社区,有没有版权?版权属于谁?开源项目从原型到成熟往往要经历无数次迭代,早期项目非常稚嫩,需要孵化、培训、投融资、法律咨询等专业服务。开源项目还面临着治理及后续技术路线选型等问题。

所以，开源社区的治理、开源项目的资金投入、开源项目的公共知识产权、开源项目的孵化等一系列问题的出现，迫切需要一个政治及技术中立的第三方社会组织，代表公共利益，解决公共问题。世界上有众多开源社会组织，比较有影响力的有开源促进会、自由软件基金会、Linux 基金会、Apache 软件基金会等。

开源促进会。1998 年 2 月底，在雷蒙德和布鲁斯的倡议下，成立了 Open Source Initiative，缩写为 OSI，中文翻译为开源促进会。成立目的如下：（1）宣传开源软件思想，提高人们对开源软件的认识；（2）建立开源软件和各社区沟通的桥梁；（3）定义开源，防止开源思想和精神被滥用。雷蒙德担任 OSI 的第一任主席，直到 2005 年退休。一场轰轰烈烈的开源运动正式开始了。

埃里克·雷蒙德 1957 年 12 月 4 日出生于美国马萨诸塞州的波士顿。1976 年开始接触黑客文化。他是 20 世纪 80 年代 GNU 最早的一批贡献者之一。作为开源运动的主要理论家、开源软件思想的传教士，雷蒙德著有《大教堂与集市》一书。这本书被认为是开源运动的独立宣言，清晰、透彻和准确地描述了开源运动的理论与实际应用，对开源软件运动的成功和 Linux 操作系统的广泛采用起到了至关重要的作用。雷蒙德是公认的开源运动主要领导者之一。

我国的开源组织发展比较晚，2019 年 12 月 6 日，上海开源信息技术协会在上海对外经贸大学举行首届会员大会并宣布成立。2020 年 6 月 15 日，开放原子开源基金会注册成立。中国计算机学会（CCF）开源发展委员会于 2021 年 12 月 17 日在深圳宣布成立。天工开物开源基金会于 2023 年 3 月获得重庆市政府批复成立。

目前，世界上有 100 多种被开源促进会（Open Source Initiative）认可的开源许可协议。开源协议保护了开发者的权益，规定用户在使用开源软件时的权利和责任。虽然开源协议不具备法律效力，但是当涉及软件版权纠纷时，也是非常重要的证据之一。

GPL 协议。GNU 通用公共许可证规定只要软件中包含了遵循 GPL 协议的产品或代码，该软件就必须也遵循 GPL 许可协议，也就是必须开源免费，不能闭源收费，因此这个协议并不适合商用软件。

BSD 协议。BSD（Berkeley Software Distribution，伯克利软件发布版）协议允许用户"为所欲为"，用户可以使用、修改和重新发布遵循该许可的软件，并且可以将软件作为商业软件发布和销售。

Apache 协议。Apache 许可证版本（Apache License Version）协议在为开发人员提供版权及专利许可的同时，允许用户拥有修改代码及再发布的自由。

MIT 协议。（Massachusetts Institute of Technology）协议，目前限制最少的开源许可协议之一（比 BSD 和 Apache 的限制都少），只要程序的开发者在修改后的源代码中保留原作者的许可信息即可，因此普遍被商业软件所使用。

GUN LGPL（GNU Lesser General Public License，GNU 宽通用公共许可证）。LGPL 是 GPL 的一个衍生版本，也被称为 GPL V2，该协议主要是为类库设计的开源协议。

我国开源协议起步较晚，2019 年 8 月 7 日，中国首个开源协议"木兰宽松许可证"（MulanPSL）发布。2024 年 7 月 15 日，基于新商科教学内容开源协议在东北财经大学正式发布。

第 9 节　DeepSeek 让世人再次见证开源的力量

DeepSeek 成立于 2023 年 7 月，专注于大语言模型及相关技术的研发。

2023年11月，DeepSeek发布了首个模型DeepSeek Coder，标志着公司在AI领域的初步探索。2023年底，DeepSeek发布了V1模型，支持文本生成、对话、摘要、代码生成等功能，当时未引起广泛关注。2024年5月，DeepSeek推出V2模型，采用混合专家模型（MoE）架构，显著降低了模型推理成本，并在中文综合能力上表现出色。2024年12月，DeepSeek发布V3模型，采用多头潜在注意力（MLA）和MoE架构，训练成本仅为560万美元，性能接近顶级闭源模型（如GPT-4），并宣布开源。

2025年1月，DeepSeek发布R1模型，在数学、代码及复杂逻辑推理任务中表现出色，推理成本显著低于竞争对手（如OpenAI的o1模型）。与闭源的ChatGPT（OpenAI）和Claude（Anthropic）不同，DeepSeek采用开源模式，任何人都可以下载、复制并在此基础上进行开发。而Meta和Google的模型也未真正开源，其用户应用模型的方式受到许可证的限制，且训练数据集也未公开。因为开源，R1模型迅速成为美国顶尖学者的首选，并吸引了英伟达、亚马逊、微软等科技巨头的接入。DeepSeek的开源策略吸引了全球开发者和企业的参与，其模型被广泛应用于金融量化、智能客服、云服务等领域。DeepSeek的APP上线20天内日活突破2000万，成为全球下载量最高的AI应用之一，超越了ChatGPT。

2015年1月27日，受DeepSeek开源的冲击，美国人工智能主题股票遭抛售，美国芯片巨头英伟达（NVIDIA）股价历史性暴跌，纳斯达克综合指数大幅下跌。截至当天收盘，英伟达公司股价下跌16.97%，市值一日内蒸发近6000亿美元，创美国历史上任何一家公司的单日最大市值损失。知名科技风投家马克·安德森（Marc Andreessen）称赞DeepSeek是"我见过的最令人惊叹和印象深刻的突破之一——作为开源技术，它是给世界的深刻礼物"。英国《金融时报》将创始人梁文峰比作挑战美国科技巨头的大卫。在目睹DeepSeek火爆出圈以及行业迎来变革后，美国 AI 龙头企业 OpenAI 首席执行官萨姆·奥特曼（Sam Altman）罕见地表态称，OpenAI 在开源 AI 软件方面"一直站在历史的错误一边"（2025 年 1 月 31 日《华尔街日报》报道）。

作为一款新兴的 AI 大模型，DeepSeek 以开源为竞争手段迅速崛起，不仅在全球 AI 领域引发了广泛关注，还推动了 AI 技术的普及与创新，向世人再次展示了开源模式的强大力量。

开源模式生产效率更高。DeepSeek-R1 完全开源，吸引全球 AI 开发者参与技术迭代，相当于实现了全球范围大规模生产劳动协作与分工，生产效率更高。与 OpenAI 闭源模型相比，DeepSeek 开源策略打破了技术垄断，为中小企业和个人开发者提供了低成本、高性能的 AI 解决方案。

开源模式推动建立 AI 生态。DeepSeek 与云计算平台（如阿里云、华为云）、芯片厂商（如英伟达、沐曦）以及互联网企业（如智联招聘、奇安信）展开深度合作，构建了一个庞大的 AI 生态系统。通过开源生态，DeepSeek 的技术已广泛应用于金融量化、智能客服、云服务等领域，推动了 AI 技术与垂直行业的深度融合。这种生态共建模式不仅扩大了 DeepSeek 的市场影响力，还为其技术的快速迭代和优化提供了支持。

为全球提供安全可靠的 AI 公共产品和服务。DeepSeek 开源推动了 AI 技术普惠性，广大发展中国家和中小企业有机会参与 AI 技术的开发与应用，推动了全球 AI 技术的普及。DeepSeek 也打破了国际社会对中国 AI 技术的偏见，展示了中国在技术创新和全球化竞争中的实力。

当然，DeepSeek 也面临数据隐私、伦理审查等挑战，且要平衡技术创新与社会责任之间的关系。

小 结

微软开创了软件商业化的历史，使软件成为一个产业。受物理世界独占排他思维影响，软件凝结了人类劳动，人们普遍认为盗版有罪。微软也一直以知识产权维护者自居，在全球范围内发起过无数次盗版诉讼。美国政府也将知识产权作为评价一个国家投资环境的重要指标，甚至不惜动用政府力量（301条款等）迫使很多国家遵循知识产权协议。但同时我们还看到，微软真的对打击盗版不遗余力吗？许多发展中国家的大中小学都有过使用盗版软件的经历，微软为什么不打击呢？微软通过技术手段能够发现谁在使用盗版软件，通过蓝屏等手段不断提醒消费者"您是盗版软件的受害者"，为什么微软不通过关机或减少功能等手段限制消费者呢？且还为盗版软件提供安全更新呢？这些问题已经超越了工业时代的思维和认知。

1982年，日本半导体产业如日中天。东京大学坂村写了一份名为"TRON"的PC系统规格书。美国立即认识到："一旦TRON成为标准，日本信息产业将摆脱对美国的依附，美国想再打入日本市场比登天还难。"随即，美国对日本发起了长达数年的贸易战。在1989年《超级301法案》中，美国向日本的"人造卫星、超级电脑、TRON"等商品，单方面设下了贸易壁垒，将TRON操作系统定义为"日本政府设下的贸易障碍"。至今，在TRON项目的网站上，还保留着这样的论述：所有使用了TRON存在系统的企业都将失去美国市场的公平对待。1999年开始，松下、索尼、三洋、富士通先后加入塞班（Symbian）生态系统。

在个人电脑市场，Linux与Windows各自成就。在移动端，安卓和苹果分庭抗礼，iOS优秀得益于封闭统一，安卓的伟大在于开源自由。开源软件突破层层阻挠走到今天，为全世界人民（不分种族、信仰、国家、性别）提供了平等参与生产协作的机会，人类社会历史上第一次实现了不受所有制和权力制约的平等机会。开源是无数具有自由共享精神的战士们献给全人类的礼物，开源或许展示了数字经济的新形态和新模式。

第 2 章

开源与数字经济

  开源是由"技术极客"发起的社会创新活动,具有草根性、群众性和自发性等基本特征,遵循开放、平等、共享、协作、国际化的开源文化和价值观。对于年轻的程序员来说,这项活动不仅好玩且很酷,吸引越来越多的人参与其中。早年商业大公司的打压不但没能让参与者退缩,反而间接证明了开源的价值,进一步激起了他们的斗志,也增加了他们的成就感。2018 年,投资人看到了开源的商业价值,微软以 75 亿美元收购最大的开源代码托管平台 GitHub,IBM 以 340 亿美元收购最大的开源软件服务公司红帽,轰轰烈烈的开源社会创新运动进入了一个新的历史阶段。这时候,人们开始思考开源社会存在的合理性解释,以及开源与数字经济的关系等问题。与物理形态的工业商品有形、独占排他属性不同,软件、数据等数字商品天然具有共享的属性,这是开源社会存在合理性的根源,开源也揭示了数字经济的底层逻辑。既然软件可以开源,那么硬件、数据、算法、标准和内容是否也可以开源?特斯拉开放智能汽车专利技术重构汽车产业链供应链,特别是在商业上的巨大成功,向我们展示了未来新工业革

命的伟大前景。

开源在物理世界萌芽，敢于挑战数千年以来物理世界独占排他的社会安排和商业规则，经历了从小众自发对抗商业软件垄断的行为，到茁壮成长为数字经济创新创业的主导模式，展现出新生事物强大的生命力。这有利于提高开源社会存在合理性、开源社会意识及其可能的物质力量的认知，有助于我们准确把握数字经济运行规律，从而增加我们行动的自觉性和主动性。

第 1 节 公共基础设施的价值与意义

不管是农业经济时代,还是工业经济时代,乃至数字经济时代,公共基础设施对于促进社会经济的发展都发挥着极其重要的作用。公共产品数量和内容的增加,反映出社会经济水平的发展和公众对福利水平需求的变化。

一、农业时代的公共基础设施

农业经济时代,古代中国和古罗马通过构建道路等公共基础设施而极度辉煌。秦始皇一统华夏后,修建了横穿 14 县,全长 700 多公里的"高速"公路——秦直道。除了军事用途外,中国的丝绸和茶叶也因"秦直道"得以畅销世界。西方罗马帝国时期,在历代统治者的努力下,罗马境内的道路交通网络非常发达,"条条道路通罗马"就是一种形象的描述,这促进了罗马帝国内部甚至于罗马与周围国家的贸易往来,使得罗马地区的经济迅速发展,助力罗马成了地中海地区的经济强国。庞大的公路网络在维护罗马帝国的统治,以及促进罗马帝国的经济发展等诸多方面都有着巨大的贡献。

除了道路之外,秦始皇统一文字和度量衡,对于中国社会经济的发展也起着极其重要的作用。

二、工业时代的公共基础设施

工业经济时代,各国都十分重视公路、铁路、桥梁、码头、机场等公共基础设施的建设。19世纪中叶，美国西部铁路建设推动了美国西部城镇化进程及美国统一市场的形成。"火车一响，黄金万两"，西部地区初级产品、东部地区乃至欧洲国家工业产品在铁路网上川流不息，扩大了美国国内各地区之间，以及美国市场与世界市场之间的联系。美国西部铁路建设的成功为美国经济的高速发展奠定了坚实基础，是美国经济在20世纪初迅速赶上和超越欧洲传统强国、领先世界的重要原因。20世纪50年代初，美国启动高速公路网建设，20世纪80年代后期基本形成，1997年已达8.9万公里。美国高速公路网从根本上改变了美国人的出行和生活方式，也使西部的经济和社会文化发生了翻天覆地的变化。在中国，有一句老百姓耳熟能详的话"要想富，先修路"，朴素但具有商业智慧。1988年10月31日，我国第一条高速公路沪嘉公路开通。截至2023年底，我国铁路营业里程15.9万公里，其中高铁营业里程4.5万公里；全国公路里程543.68万公里，其中高速公路里程18.36万公里；民用运输航空机场总数259个，千万人次及以上的运输机场数量达到38个。中国在短短30年内走过了发达国家需要近百年才能完成的基础设施建设发展历程。中国村村通也是国家系统工程，其包含公路、电力、生活和饮用水、电话网、有线电视网、互联网，等等。2021年08月20日，国务院办公厅以国办发〔2021〕29号文印发《关于加快农村寄递物流体系建设的意见》。以上举措将为我国社会经济发展提供长期持久动力。

三、美国信息高速公路及其价值

在数字经济时代，最早对数字公共基础设施形成深刻认知并付诸实践是美国。1992年，克林顿在其竞选文件《复兴美国的设想》中明确指出："20世纪50年代在全美建立的高速公路网，使美国在随后的20年取得了前所未有的发展。为了使美国再度繁荣，就要建设21世纪的

'道路',它将为美国人创造就业机会,将使美国经济高速增长。"这里所说的 21 世纪"道路",就是"信息高速公路"。克林顿上台不久,便正式提出建设"信息高速公路"。该计划在世界范围内产生了广泛而深远的影响,并为美国信息经济日后的辉煌奠定了坚实基础。克林顿政府提出的一系列措施,使美国经济持续增长,各项经济指标表现良好:失业率降至 24 年来最低点,通货膨胀率也降到 30 年来最低点。克林顿政府选择建设"信息高速公路"作为刺激国内经济发展、增加就业机会、保持并夺回美国在重大关键技术领域一度削弱的国际领先地位的重大战略部署,不仅增强了美国经济实力,还为全球数字经济发展树立了典范。

继美国提出信息高速公路计划后,世界各地掀起信息高速公路建设的热潮,中国迅速作出反应。1993 年底,中国正式启动了国民经济信息化的起步工程——"三金工程",即"金桥工程""金卡工程""金关工程"。"金桥工程"旨在建立国家共用经济信息网,具体目标是构建一个覆盖全国并与国务院各部委专用网连接的国家共用经济信息网。"金关工程"是对国家外贸企业信息系统实现联网,推广电子数据交换技术(EDI),实行无纸贸易的外贸信息管理工程。"金卡工程"则是以推广使用"信息卡"和"现金卡"为目标的货币电子化工程。"三金工程"建设不但在技术和基础设施层面推动了中国的信息化建设,而且在促进经济发展、提升政府服务效率等方面发挥了重要作用。

第 2 节 开源是数字经济公共基础设施

当前,数字经济作为一种新的经济形态,正成为转型升级的重要驱动力,同时也是全球新一轮产业竞争的制高点。开源在数字经济创新创业中发挥着基础性、先导性、战略性和赋能作用。因此，正确认识开源与数字经济之间的关系，直接关系到国家战略以及一个国家参与数字世界治理的能力。

一、开源是数字基础设施

2016 年，受福特基金会资助，独立研究员纳迪亚·埃格巴尔出版了《开源——道路和桥梁——数字基础设施背后的隐性劳动》[①] 一书。书中指出，免费且公开的源代码构成了数字社会的公共基础设施，它对政府、私营公司和个人生活的运作至关重要。作者同时也指出，很少有人意识到，这些公共源代码是由无报酬的志愿者建立和维护的，他们承担了大量本应该由公共服务机构负责的工作。

纳迪亚·埃格巴尔指出，开源是数字经济的公共基础设施，具有公共产品属性。任何公司都可以自由下载和使用公共源代码，这极大降低了软件开发成本，同时也更利于在全球范围内推广软件。人们普遍存在一种误解，认为开源社区的劳动者拥有充足的资金支持。实际上，开源项目在很大程度上是由志愿者创建和维护的，他们"靠爱发电"，完全是出于个人爱好，当然他们也可能获得良好的声誉。尽管一些开源项目获得了来自基金会、学术界、公司或个人的赞助或捐赠，但远远不能维持其运营。纳迪亚·埃格巴尔还强调说，仅仅靠钱也不能解决问题，因为开源文化同样发挥着重要作用。

在物理世界，这些公共基础设施具有公共属性，且需要巨额投入，私人企业缺乏足够的动力或能力来承担这些成本。因此，政府成为公共

---

① https://www.fordfoundation.org/work/learning/research-reports/roads-and-bridges-the-unseen-labor-behind-our-digital-infrastructure/

基础设施的建设主体，并承担了规划、建设和维护等工作。政府通过税收和财政补贴手段来确保公共基础设施的运营与维护。然而，到了数字经济时代，随着科技的发展，数字世界的公共基础设施与物理世界同样具有公共性、非竞争性和非排他性等基本特征，但又具有世界性、跨越时空等不同特征。因此，公共产品的提供者由政府一元化向政府、市场、社会多元化方向发展。数字公共产品的建设应当由政府、私营企业和其他利益相关者共同承担，通过协作和共同努力来推动数字公共产品的发展和普及。当前，世界各国在推动数字化转型及发展数字经济的过程中，都面临着对数字公共产品的迫切需求。所以，数字公共基础设施建设需要国际社会的广泛合作。

二、开源是全球公共产品

2024年1月，哈佛商学院在其官方网站上发布了题为《开源软件的价值》[1]的研究报告。报告指出，由于开源免费且难以直接评估，其本身价值很难评估，所以在现有经济统计中，开源软件的价值往往无法被纳入统计范围。但作为一种全球公共产品，开源软件在经济中发挥着至关重要的作用，大多数解决方案都采用开源技术。为了评估开源软件的社会及经济价值，报告作者记录了全球数百万企业的开源软件使用情况。经过评估，供应方常用的开源软件的价值约为41.5亿美元，但需求方价值为8.8万亿美元，即因使用开源软件所产生的价值是开源软件自身价值的2120倍。研究发现，如果没有开源软件，企业在软件方面的支出将是目前的3.5倍。在研究样本中，排名前六位的编程语言占开

---

[1] https://www.hbs.edu/ris/Publication%20Files/24-038_51f8444f-502c-4139-8bf2-56-eb4b65c58a.pdf

源软件需求方价值的84%。此外,令人惊讶的是,96%的需求方价值是由仅占5%的开源软件开发人员所创造的。报告还引用"公地悲剧"[①]的概念,认为开源是数百年以来"公地"经济最成功的范例之一。

三、开源具有很高的投资回报率

2023年3月7日,Linux基金会发布了由其赞助的研究报告——《衡量开源软件的经济价值》[②],该报告负责人为加州大学伯克利分校的亨利·切萨布鲁夫(Henry Chesbrough)教授。

切萨布鲁夫教授通过调查世界财富500强企业的首席信息官和IT经理发现:(1)开源软件为企业带来了巨大的好处,包括节约成本,提高灵活性、安全性和利用社区专业知识的能力;(2)使用开源软件的成本低于闭源软件,投资回报率(ROI)为正;(3)开源软件为企业带来了巨大的价值;(4)使用开源软件可以加快部署速度、遵守广泛共享的技术标准。这些好处可以提高使用开源软件的组织的效率、生产力和竞争力;(5)管理许可要求和潜在的安全漏洞是采用开源软件的部分成本。企业可以通过制定内部流程来跟踪许可合规性,并实施有效的安全措施来防范潜在的安全漏洞,从而降低这些成本。

报告认为,采用开源软件可以使组织充分利用开发人员社区的技能和创造力,并利用社区的集体智慧,创造出更具创新性和更有效的软件

---

① 《公地悲剧》是1968年,美国学者哈定在《科学》杂志上发表的一篇文章。英国曾经有这样一种土地制度——封建主在自己的领地中划出一片尚未耕种的土地作为牧场(称为"公地"),无偿向牧民开放。这本来是一件造福于民的事,但由于是无偿放牧,每个牧民都养尽可能多的牛羊。随着牛羊数量无节制地增加,公地牧场最终因"超载"而成为不毛之地,牧民的牛羊最终全部饿死。(资料来源:百度百科)

② https://www.linuxfoundation.org/research/measuring-economic-value-of-os

解决方案。

调查最终发现，企业通过使用开源软件节省了大量成本。受访者称，开源软件通常可以免费使用，并根据公司的具体需求进行修改。此外，开源软件还减少了对商业许可费和专有软件的依赖，从而进一步削减了成本。

调查结果表明，采用开源软件的主要驱动力是节约成本，其次是定制软件和利用社区专业知识的能力。

采用开放源码不仅能节约成本，还能促进组织内部的创新。受访者表示，开源软件鼓励开发人员之间的协作和知识共享，这可以产生新的创新想法。此外，开源软件允许开发人员根据自己的需要定制软件，从而提高效率和生产力。

开源软件还能提高软件质量。受访者称，使用开源软件可以提高代码质量，因为开源软件的社区驱动性鼓励了同行评审和测试。此外，开源软件还使企业能够快速修复错误并发布更新，从而使软件更加可靠和安全。

通过拥抱开源软件，企业更有活力和竞争力，并从众多有才华和创造力的开发人员的贡献中获益。通过开源可以吸纳不同的观点、想法和方法，使组织能够以创新的方式解决复杂的问题，在当今快节奏的商业环境中保持竞争力。

第3节 数字公共产品概念与标准

在物理世界，公共基础设施具有公共属性，需要巨额投入，私人企业没有足够的动力或能力来承担这些成本。所以，政府成为公共基础设施的建设主体，承担了公共基础设施的规划、建设和维护等工作。政府通过税收和财政补贴等方式以确保公共基础设施的运营与维护。但是到了数字经济时代，随着科技的发展，在数字世界，数字公共基础设施与物理世界同样具有公共性、非竞争性、非排他性等基本特征，但又具有世界性、跨越时空等不同特征。目前，数字公共产品主要由国际互联网巨头、开源社区志愿者提供，尚缺乏来自政府的支持，国际组织也未能就相关问题提出有效的解决方案。当前，世界各国在推动数字化转型及发展数字经济过程中，都有数字公共产品的迫切需求。所以，数字公共基础设施建设需要国际合作。

一、数字公共产品概念的提出

从数据到应用程序，从数据可视化工具到教育课程，诸多数字技术和数字内容加速了人类可持续发展目标的实现。在这些数字技术和数字内容中，那些可以自由及开放获得的，对分发、改写和重用限制最小的，被称为数字公共产品。

从经济学角度看，"公共产品"是指任何人都可以免费使用且不妨碍他人使用的东西。因其特有属性（边际成本为零），数字技术和数字内容完全可以成为公共产品。在"联合国秘书长数字合作高级别小组报告"的指南中，也明确提出软件、内容和数据必须作为数字公共产品而存在，且不受任何特定供应商的制约。要成为数字公共产品，开放许可是其必要条件，而非充分条件。数字公共产品的最低标准还包括互操作性等其他条件。

数字公共产品（Digital Public Goods）一词最早由美国经济学家 Shane Greenstein 在 2013 年提出，他将公共产品的概念从物理世界延伸至数字世界。2020 年 6 月，联合国秘书长安东尼奥·古特雷斯发布的

报告《数字合作路线图:执行数字合作高级别小组的建议[①]》中,提供了第一个被广泛接受的数字公共产品定义:

尊重隐私和遵守其他适用的国际和国内法律、标准和最佳做法且无害的开源软件、开源硬件、开放数据、开放人工智能模型、开放标准和开放内容。

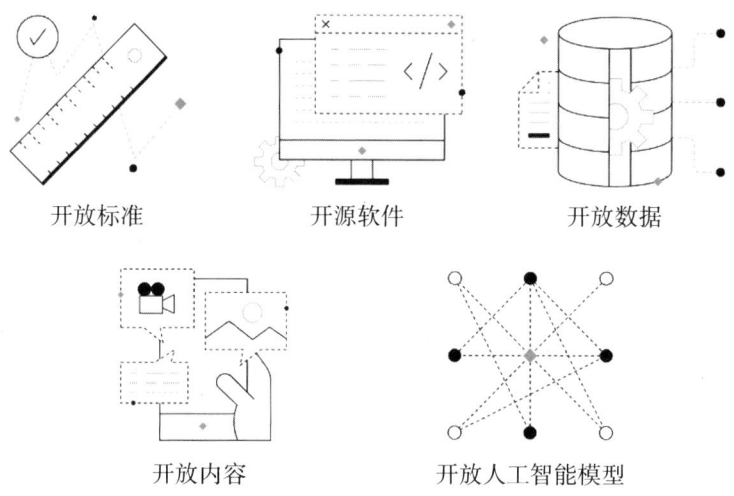

图 2-1　数字公共产品概念图

人们最初关注的主要是开源软件(OSS),1997 年,Bruce Perens("开源定义"的创造者、OSI 的联合创始人,同时也是业余无线电爱好者和发烧友)推出了开源硬件认证计划,允许硬件制造商自行对产品进行认证。凡是获得认证的硬件设备,都要承诺对外公开其驱动程序接口的编程文档。这样,供应商便可在获得认证的设备包装上添加开源硬件标志,并在广告中指出他们的设备是经过认证的。购买了认证设备的用户可以大为放心,因为即便遇到操作系统变更甚至制造商倒闭的情况,仍可以由第三方为他们的设备编写新的软件,这是开源原则首次应用于硬件。

---

① https://www.un.org/techenvoy/zh/content/roadmap-digital-cooperation

如今，特斯拉开源发动机技术打破了传统燃油车上百年所形成的稳定供应链体系，RISC-V 开源芯片也在异军突起。[①]

尽管如今的开源硬件形式多种多样，但它的标准定义仍然是硬件的设计向公众公开，任何人都可以对硬件设计或硬件本身进行研究、改进、散布、制造或销售。"开源硬件协会（OSHWA）进一步指出"开源硬件将以最有利于其他人对其进行修改的格式公开其设计。理想的情况是，开源硬件应使用现成的组件和材料、标准流程、开放式基础设施、不受限的内容以及开源设计工具，最大限度提高个人制作和使用硬件的能力。开源硬件使人们能够自由控制其技术，同时通过公开交流设计来共享知识和促进商业化。"

当前，开源硬件已经成了改善人们生活的工具。例如 Rory Aronso 的 FarmBot 项目，这是一个向所有人开放农业技术的项目，目的是帮助人们提高粮食种植效率。而 WikiHouse 是一个开源建造项目，允许用户自由下载一系列文件、购买胶合板，并使用数控镂铣机按自己的设计方案进行切割，然后将各部分接合在一起，过程就像完成一幅巨大的拼图（会有说明指示），用户甚至还能切割出木槌，用来敲击各个接合处使它们扣合。这个项目降低了房屋建造的门槛，几乎任何人都能尝试。此外，还有很多其他项目，像是开源蜂箱、制造开源汽车、开源心电图机等等，开源硬件发烧友正怀着满腔热情尝试打破壁垒。[②]

二、数字公共产品标准

数字公共产品联盟（DGPA）将以上定义转化为包含九个指标的开

[①] 于欣龙、张阳、张岩、陈丽.Arduino 机器人权威指南：电子工业出版社，2014 年 3 月
[②] Barak S. 开源硬件有多"开放"？[J]. 电子产品世界，2015，22（09）：20-21+31.

放标准。必须满足如下这些条件，所提名的项目（软件、数据、硬件、AI 模型、标准和 / 或内容）才能被视为数字公共产品。

1. **与可持续发展目标相一致（Relevance to Sustainable Development Goals）**

所有项目必须注明：以可持续发展为目标；项目与可持续发展目标相关，并能提供相关链接 / 文件予以证明。

2. **使用批准的开源许可证（Use of Approved Open Licenses）**

项目必须证明使用了经过批准的开源许可证。对于开源软件，我们只接受开放式系统互联（OSI）批准许可。对于开放内容，我们要求使用创作共用许可协议（Creative Commons）许可，而我们鼓励项目使用许可，允许衍生产品和商业使用，或将内容提供给公共领域；我们也接受不允许商业重用的许可证（CC BY-NC-SA）。对于数据，我们需要一个开放数据共享许可。

3. **有所有权文档（Clear Ownership）**

项目产生的所有内容的所有权必须明确定义和文档化，即通过版权、商标或其他公开可用的信息。

4. **无强制性的依赖关系（Platform Independence）**

如果开放源码项目有强制性的依赖关系，产生了比原始许可更多的限制，那么项目必须能够证明独立于闭源组件，并表明存在功能性的、开放的替代方案。

5. **文档齐全（Documentation）**

项目必须有一些源代码、用例和功能需求的文档。对于内容，这应该表明访问内容所需的任何相关兼容应用程序、软件、硬件以及使用说明书。对于软件项目，这应该以技术文档的形式呈现，允许不熟悉项目的技术人员启动和运行软件。对于数据项目，这应该以文档的形式呈现，文档中描述了集合中的所有字段，并提供了关于如何收集数据以及如何解释数据的上下文。

6. 有数据提取机制（Mechanism for Extracting Data）

如果这个项目具有非个人身份信息，那么必须有一种机制以非专有格式从系统中提取或导入非个人身份信息（Non-PII）数据。

7. 遵守隐私和适用法律文书（Adherence to Privacy and Applicable Laws）

项目必须声明，它遵守相关的隐私法和所有适用的国际和国内法律。

注：要求 7 到 9 的证据只能由被授权代表项目发言的人提供。我们收集头衔、姓名和联系信息以确保其权威性。

8. 遵守标准和最佳实践（Adherence to Standards & Best Practices）

项目必须证明一定程度上符合标准、最佳实践和原则，即数字开发的原则。

9. 无害（Do No Harm）

所有的项目都必须证明他们已经采取了措施，以确保项目能够预见、预防和不造成伤害。

9a. 资料私隐及安全（Data Privacy & Security）

收集数据的项目必须识别收集和存储的数据类型，并证明该项目确保了这些数据的隐私和安全，并已采取措施防止收集、存储和分发数据时所产生的不利影响。

9b. 不适当及非法内容（Inappropriate & Illegal Content）

收集、存储或分发内容的项目必须有识别不适当和非法内容的政策，以及用于检测、调节和删除不适当或非法内容的机制。

9c. 防止骚扰（Protection from Harassment）

如果项目促进了用户和贡献者之间的交互，那么必须有一种机制让用户和贡献者保护自己免受伤害、虐待和骚扰。项目必须有一种机制以确保未成年用户的安全和保护。

数字公共产品标准是由数字公共产品联盟（DPGA）在原有51项指标标准基础上发展而来的，凝结了许多专家的智慧。该标准本身就是一个开源项目，核心版本在 GitHub 上①，任何人都可以贡献、修改和提出建议，根据标准的治理原则定期进行审查、修订。任何人都可以使用该标准并从中获益，并被添加到不断增长的背书名单中。

第4节　开源与国家数字主权

国际竞争的重心已经从物理世界转移到数字世界，核心仍然是规则与标准的主导权。美国将开源武器化、政治化，限制伊朗、朝鲜、叙利亚、俄罗斯访问 Github（开源代码仓库），促使世界各国认识到数字主权的重要性。2020年7月14日欧洲议会《欧洲的数字主权》（Digital sovereignty for Europe）报告中，提出欧盟"数字主权"概念。2021年3月，欧盟委员会发布了《2030数字指南针：欧洲数字十年之路》（下文简称为"数字指南针"），该文件提出加强欧盟的数字主权，以确保欧盟成为世界上数字经济最发达的地区之一。2021年9月，欧盟又发布《开源软件和硬件对欧盟经济的技术独立性、竞争力和创新的影响》报告，详细介绍了开源软件和操作系统如何提供对技术的控制、减少对特定专有技术和软件供应商的依赖，以及其许可证已被证明能够抵制国际贸易冲突。

2021年9月6日，欧盟关于《开源软件开源硬件对欧盟经济的技

---

① https://github.com/DPGAlliance/DPG-Standard

术独立、竞争力和创新力影响》[1]报告正式对外发布。这是欧盟有关开源软件、开源硬件对社会经济影响里程碑式的研究成果，研究发现：增加对开源软件和开源硬件的投资，可以极大地促进欧盟疫情后经济复苏、数字转型和数字自主权。

2006年，欧盟曾经做过一次开源的经济研究，当时开源革命还没有席卷全球。如今，开源软件（OSS）在社会各垂直行业已无处不在，**开源硬件（OSH）则有可能引发下一场革命**。然而，政策制定者还缺乏相关数据，尚无法推出促使公民和公司价值最大化的公共政策。该研究报告为欧盟"为什么"和"如何"通过开源获得经济增长、国际竞争力和数字自主权提供了急需的洞察力。

经济分析表明，开源社会实践已经成熟，应该制定一个系统的产业政策，并将其纳入欧盟的主要政策框架，如欧洲绿色协议和人工智能法案。报告建议设立一个专门致力于加速使用开放技术的政府部门（开源办公室，OSPO），为开源提供政策支持、机制保证和所需资源（如大量资金）。欧盟地平线计划（2021—2027）通过了955亿欧元的总预算，欧盟的数字主权战略中应遵循开放创新原则。

该研究受欧盟通信网络与数字化政策总局的委托，分析开源软件和开源硬件对欧洲经济的影响。它全面介绍了开源软件（OSS）目前的商业用途、成本和效益，使用开源软件及在全球推广开源软件的政策。在这些信息的基础上，该研究评估了欧盟（EU）通过使用、促进和支持开源软件和开源硬件（OSH）来实现其政策目标（包括经济增长、更强竞争力、创新和创造就业机会）的潜力。

---

[1] https://openforumeurope.org/publications/study-about-the-impact-of-open-source-software-and-hardware-on-technological-independence-competitiveness-and-innovation-in-the-eu-economy/

研究发现，开源软件对欧盟的经济贡献巨大——2017年至2018年，开源项目提交数量（软件项目中的单个变更）增加10%，相当于欧洲GDP每年增长的0.4%，即每年630亿欧元。此外，贡献者数量增加10%，将使欧盟的GDP提高0.6%，达到每年950亿欧元左右。据分析，开源软件的成本效益比超过了1∶4。然而，开源最显著的优势并不一定与节约成本或投资回报有关，而是开放标准和互操作性，以及独立于专有供应商的优势。因为开源，欧盟内部每年会增加600多个ICT初创企业。案例研究显示，采购开源软件而非专有软件，公共部门可以降低总体拥有成本，避免被供应商锁定，从而提高其数字自主性。该研究还包含对欧洲和世界各地现有开源公共政策影响的分析。

小　结

作为新生事物，开源揭示了数字经济的底层逻辑。开源首先重构了软件产业链供应链，特斯拉开源智能汽车软硬件技术重构了汽车产业链供应链，再次展示开源新工业革命的力量。

同时，数字公共产品、数字主权、数字治理等公共议题关系到人类数字未来。

开源是数字商品（软件、数据等）最有效的资源配置方式，一个人分享，全球范围内无需再做重复劳动。这显然与物理世界资源配置方式不同，也是传统经济学所无法解释的。有人试图用传统定价机制来衡量数字商品，在实践中注定是失败的。开源也是数字商品大规模生产协作方式，全球开发者基于规则和协议，借助大规模生产协作平台从事数字商品生产活动。这显然与物理世界汽车生产模式不同，改变了传统管理学理论。开源还是数字经济公共基础设施，目前是以公司和个人提供为主。未来，数字公共产品应该由谁来提供？谁来认定？如何确保其公共属性？这也是开源人士急需回答的问题。

第 3 章
数字商品生产线

在数字经济浪潮中,数字商品生产线成为创新创业的关键。与传统工业生产线不同,数字生产线以数字技术、代码与数据为核心,展现高灵活性与效率。因此,数字时代的商品生产线对于提升一个国家或地区的国际竞争力至关重要。中国需借鉴上个世纪 80 年代开始通过引进全球先进的工业生产线,经过 20 多年的努力成功构建了全球最完整的工业生产体系的经验,拥抱新技术,构建全栈数字生产线。第三章通过 OpenAI、智能汽车、智能金融、开源芯片、云原生与工业自动化等案例,展示开源技术如何重塑产业链,推动产业升级,证明其在促进数字经济高质量发展中的核心价值。

第 1 节　OpenAI 与人工智能产业

一、OpenAI 的背景与发展

OpenAI 成立于 2015 年，由埃隆·马斯克（Elon Musk）、山姆·阿尔特曼（Sam Altman）等科技界人士共同发起，旨在推动人工智能（AI）技术的发展，并确保这些技术造福全人类。OpenAI 的创立背景是基于对 AI 技术潜在影响的深刻认知和对其滥用风险的担忧，因此，OpenAI 从一开始就致力于通过透明和开放的方式来开发和分享 AI 技术。

自成立以来，OpenAI 在 AI 技术的研究和应用方面取得了一系列重要突破。2016 年，OpenAI 发布了第一个开源项目——OpenAI Gym，这是一个用于开发和比较强化学习算法的工具包。2018 年，OpenAI 推出了 GPT-2（Generative Pre-trained Transformer 2），这一自然语言处理模型在生成高质量文本方面表现出色，标志着 AI 生成文本技术的重大进展。此外，OpenAI 还发布了 Spinning Up in Deep RL，这是一个强化学习的开源教学资源，帮助研究人员和开发者快速入门并掌握深度强化学习技术。

虽然开源策略对 OpenAI 的早期发展至关重要，但随着 OpenAI 逐步向商业化方向转变，从完全开源转向部分闭源。例如，GPT-3 和后续的 GPT-4 并没有开源，通过 API 形式对外提供服务。这一变化的背后，有几方面原因：一是为了保证公司的持续发展，OpenAI 开始寻求盈利模式，转向闭源以保护核心技术和数据优势。二是大型模型如

GPT-3 具备强大的生成能力，存在被滥用的风险。为避免潜在的滥用问题，OpenAI 选择限制源代码的公开，确保能够更好地控制模型的使用。三是训练大型模型需要海量的计算资源和数据，开源可能会让其他公司利用 OpenAI 的研究成果进行商业竞争。保持闭源有助于保护其竞争优势。

OpenAI 通过引领大规模语言模型发展、推动 AI 即服务（AI-as-a-service）以及强调 AI 安全等方面，极大地加速了 AI 产业的进步。尽管其从开源转向闭源的策略引发了一定的争议，但这一转变帮助 OpenAI 保持了技术领先性，同时也促进了整个行业的多元化竞争和生态系统的不断演进。

二、开源在人工智能中的应用

OpenAI 的转变是多重因素共同作用的结果。这一变化不仅对 AI 产业产生了一定的影响，还激发了其他开源项目的崛起，推动了整个 AI 产业的多样化发展。例如，Llama 是 Meta（前 Facebook）于 2023 年发布的一款开源大型语言模型，旨在提供一种可与 OpenAI 的 GPT 系列竞争的替代方案。Meta 将 Llama 的模型权重和训练代码开放给社区，允许研究人员和开发者在自己的项目中使用和改进。由于其开源特性，Llama 被广泛应用于各种场景，包括聊天机器人、文本生成、问答系统等，推动了自然语言处理领域的进一步发展。

开源在人工智能领域的应用具有重要意义。首先，开源项目降低了技术获取的门槛，使更多开发者和研究人员能够接触到最前沿的 AI 技术，从而促进了 AI 技术的广泛传播和应用。其次，开源推动了 AI 技术的创新。通过开放代码和模型，研究人员可以在现有技术基础上改进和创新，加速了技术的迭代和进步。此外，开源还促进了 AI 社区的协作。全球的研究人员和开发者可以通过开源平台共享经验和成果，推动整个领域的发展。

三、人工智能产业链的重构和颠覆性影响

（一）数据采集与处理

在 AI 产业链中，数据是核心资源。开源工具和平台（如 Datasets 和 TensorFlow），提供了高效的数据采集、处理和管理能力，使得企业能够更便捷地获取和利用海量数据。这些开源工具降低了数据处理的成本，提高了数据利用效率，为 AI 模型的训练和优化提供了坚实基础。

（二）模型训练与优化

模型训练是 AI 开发的关键环节。开源框架（如 TensorFlow、PyTorch 以及 OpenAI 的强化学习库），提供了丰富的算法和工具，支持分布式训练和大规模数据处理，显著提升了模型训练的效率和效果。同时，开源平台也为模型的优化提供了丰富的资源和工具，使 AI 开发者能够持续改进模型性能。

（三）应用场景与部署

开源技术在 AI 应用的部署中同样发挥着重要作用。开源平台（如 Kubernetes 和 Docker）提供了灵活的部署解决方案，使 AI 应用能够快速上线并进行扩展，降低了 AI 应用的部署和维护成本，提升了系统的可扩展性和稳定性。通过开源技术，企业能够更加高效地将 AI 应用部署到实际业务中，推动了 AI 技术在各行业的落地和普及。

四、展望与挑战

尽管开源在推动 AI 技术发展中发挥了巨大作用,但也面临一些挑战。例如,如何平衡开源的开放性与商业化应用之间的利益冲突,以及如何确保开源项目的质量和安全性等。此外,随着 AI 技术的广泛应用,数据隐私和伦理问题也日益突出。面对这些挑战,开源社区和企业需要共同努力,通过建立健全的治理机制和合作模式,推动 AI 技术的健康发展。

OpenAI 在人工智能领域的开源实践不仅加速了技术的普及和创新,也重构了 AI 产业链的各个环节。未来,随着技术的不断进步和开源社区的持续努力,AI 技术将迎来更加广阔的发展空间和应用前景。

第 2 节　开源与智能汽车产业

一、智能汽车产业的现状

智能汽车,又称智能网联汽车,是汽车行业与信息技术深度融合的产物。近年来,智能汽车成为汽车产业的重要发展方向。智能汽车通过集成先进的传感器、控制器和通信技术,实现了自动驾驶、智能互联和人机交互等功能。各大汽车制造商和科技公司纷纷投入巨资进行研发,推动智能汽车技术的不断突破。特斯拉、谷歌、百度等公司在自动驾驶技术领域取得了显著进展,部分智能汽车已经实现了 L3 级别的自动驾驶功能,能够在特定条件下实现自动驾驶。

二、开源软件在智能汽车中的应用

开源软件在智能汽车中的应用日益广泛,特别是在车载操作系统方面。Android Automotive 是谷歌推出的一款开源车载操作系统,基于安卓平台开发,旨在为汽车提供一个统一的、可定制的智能操作平台。通过 Android Automotive,汽车制造商可以方便地集成导航、娱乐、通信等功能,提供更加智能和个性化的用户体验。Android Automotive 的开源特性使得汽车制造商和第三方开发者可以根据需要自由定制和扩展,快速推出满足市场需求的智能汽车应用。此外,Android Automotive 支持与智能手机实现无缝连接,用户可以通过手机应用控制和管理车辆,提升了使用便利性。

在自动驾驶系统中,开源项目也发挥了重要作用。特斯拉的 Autopilot 系统采用了大量的开源软件和工具,利用开源的深度学习框架 TensorFlow 来开发和优化自动驾驶算法,通过开源社区分享部分代码和开发经验,推动了自动驾驶技术的进步。

其他厂商如宝马、奥迪和福特等也积极参与开源项目,通过开源平台与全球开发者合作,共同推动智能汽车技术的革新。例如,宝马和奥迪参与了开源自动驾驶项目 Apollo,贡献了大量的代码和技术,促进了自动驾驶技术的普及和应用。开源项目的开放性和透明性有助于提高自动驾驶系统的安全性和可靠性,推动技术的成熟和应用。

三、开源软件对智能汽车供应链的颠覆性影响

开源技术在智能汽车的设计与制造中扮演着越来越重要的角色。通过开源软件和工具,汽车制造商可以更高效地进行产品开发和生产。开

源的 CAD 工具、仿真软件和控制系统，能够帮助工程师快速完成设计和测试，缩短开发周期，降低研发成本。

此外，开源硬件平台也在智能汽车领域得到广泛应用。例如，开源硬件项目 Arduino 和 Raspberry Pi 被用于开发和测试汽车电子系统，为工程师提供了灵活、低成本的开发环境。这些开源工具和平台的应用，提高了智能汽车的创新能力和生产效率。

此外，开源项目鼓励跨行业、跨公司的合作，有助于形成统一的技术架构和接口规范，从而促进智能网联汽车技术的普及和应用。

在智能汽车产业中，数据共享与协作是推动技术进步和产业发展的关键。开源平台提供了一个开放的合作环境，促进了不同企业和研究机构之间的数据共享与技术交流。通过参与开源项目，开发者可以共享自动驾驶算法、传感器数据和测试结果，加速了技术的迭代和优化。

更重要的是，数据共享还促进了智能汽车生态系统的构建。汽车制造商、科技公司、供应商和研究机构可以通过开源平台共同参与智能汽车技术的研发和应用，形成一个协同创新的产业链体系。这种开放协作的模式，不仅提高了技术研发的效率，也推动了智能汽车产业的快速发展。

四、未来展望

未来，开源将在智能汽车产业中扮演更加重要的角色。随着技术的不断进步，开源项目将进一步推动自动驾驶、车联网和智能电动汽车的发展。开源平台的开放性和协作性，将促进全球开发者和企业之间的合作与创新，加速技术的成熟和广泛应用。

此外，开源还将推动智能汽车标准的制定和推广。通过开源项目，企业和研究机构可以共同参与技术标准的制定，提高智能汽车的互操作性和兼容性，推动产业的规范化发展。总之，开源技术将在智能汽车产业的未来发展中发挥重要作用，驱动智能汽车产业链的重构和升级，为实现智能出行和可持续发展提供强有力的支撑。

第3节　金融开放共享平台与智能金融产业

一、智能金融的背景与现状

智能金融是指利用大数据、人工智能、区块链等前沿技术，通过创新的金融产品和服务模式，提升金融服务效率、降低金融风险的一种新型金融形态。其发展背景源起信息技术进步和金融业数字化转型。随着互联网的普及和移动设备的广泛使用，金融服务逐渐从线下向线上迁移，金融科技（FinTech）在这一过程中应运而生，并迅速发展。智能金融作为金融科技的重要组成部分，通过智能化手段优化传统金融服务，提升用户体验，促进金融普惠。

目前，智能金融在全球范围内呈现快速发展趋势，各类智能金融应用层出不穷。主要趋势包括以下几方面。

一是智能投顾，利用人工智能技术，为投资者提供个性化的投资建议和资产配置方案。二是智能风控，通过大数据分析和机器学习模型，提升金融机构的风险管理能力。三是智能支付，利用区块链和生物识别技术，提供安全、便捷的支付解决方案。四是金融普惠，借助智能金融技术，提供低成本、高效率的金融服务，覆盖更多长尾客户群体。

各国政府和金融机构纷纷加大对智能金融的投入，推动相关技术的应用和普及。同时，随着智能金融的发展，数据隐私和安全问题也日益受到关注,如何在创新与监管之间找到平衡,成为行业面临的重要挑战。

二、开源软件在智能金融中的应用

开源技术在智能金融中发挥了重要作用。Hyperledger 是一个知名的开源区块链项目,旨在为企业级应用提供分布式账本技术。Hyperledger 的模块化架构允许金融机构根据需求选择合适的模块,实现高度定制化的区块链解决方案。

随着大数据和人工智能技术的广泛应用,数据隐私和安全性问题日益凸显。为了保护用户隐私并满足合规要求,隐私计算和联邦学习技术逐渐成为智能金融领域的热点。这些技术允许多个参与方在保护各自数据隐私的前提下,共同进行模型训练和推理,从而提高了数据的利用效率和安全性。开源社区(如 FATE,Federated AI Technology Enabler)在这一领域发挥了重要作用。FATE 社区是由微众银行发起的一个开源项目,旨在构建一个支持联邦学习的开源生态系统。FATE 提供了一套完整的联邦学习框架和工具,支持多种联邦学习算法和数据隐私保护技术,广泛应用于金融、医疗、互联网等多个领域。

三、开源软件对智能金融供应链重构的颠覆性影响

开源软件通常以免费或低成本的方式提供,这降低了金融机构采用新技术的门槛和成本,使得中小金融机构也能积极参与技术升级。同时,开源技术提供的自动化和智能化解决方案也提高了金融供应链的效率。

在智能金融的供应链中,数据是核心资产。开源技术为金融数据的安全和共享提供了坚实的基础。通过分布式账本和加密技术,金融机构可以确保数据的完整性和安全性,防止数据泄露和篡改。此外,开源平

台提供了数据共享的标准化接口，促进了不同金融机构之间的数据互联互通，提升了数据利用效率。

开源技术还推动了金融服务的协作与创新。通过开源平台，不同金融机构可以共享技术资源和开发成果，共同推动金融产品和服务的创新。例如，开源的智能投顾平台允许多个金融机构共享算法模型和数据资源，提升了投资咨询的精准度和效率。开源社区的协作机制，促进了金融技术的快速迭代和应用，有效提升了金融服务的质量和竞争力。

开源技术提供了更加灵活和可定制的解决方案，帮助金融机构在处理敏感数据时符合法规要求，保障用户隐私。

四、展望与挑战

未来，智能金融将继续朝着更智能、更普惠的方向发展。人工智能、大数据和区块链技术的深度融合，将引领智能金融服务的全面升级，实现更加个性化、精准化的金融服务。智能风控和监管科技（RegTech）的发展，将进一步提升金融系统的稳定性和安全性，降低金融风险。此外，智能金融将在推动金融普惠和包容性金融方面发挥更大作用，为更多人提供便捷的金融服务，助力进一步实现金融资源的公平分配。

开源技术在金融领域的应用前景虽然广阔，但也面临着诸多挑战。首先，开源技术的普及需要解决标准化和互操作性问题，确保不同平台和系统之间的兼容性。其次，数据隐私和安全问题是智能金融发展的另一大挑战，如何在开放与安全之间找到平衡，需要金融机构和监管部门共同努力。最后，开源社区的治理和维护也是关键问题，只有确保开源项目的持续健康发展，才能为智能金融提供稳定可靠的技术支持。

综上所述，开源技术为智能金融的发展提供了强有力的支持，通过开源金融平台，推动了金融服务的创新和普惠。随着技术的不断进步和应用的深入，智能金融将迎来更加广阔的发展前景，开源技术也将在其中发挥更加重要的作用。

第4节 开源芯片及其产业链

一、开源芯片（RISC-V）的背景与发展

RISC-V 是一种开源的指令集架构（ISA），2010 年由加州大学伯克利分校的研究团队开发。RISC-V 的设计初衷是创建一个简洁、高效且可扩展的指令集，适用于从微控制器到超级计算机的各种应用。与以往不同，RISC-V 通过开源方式提供，使得任何个人或组织都可以免费使用、修改和分发。

RISC-V 的开源性质迅速吸引了全球的关注和参与。2015 年，RISC-V 基金会成立，旨在推动 RISC-V 的标准化和产业化，吸引了包括谷歌、英伟达、华为在内的众多科技巨头加入。经过多年的发展，RISC-V 已经成为全球开源芯片设计的重要平台，并在嵌入式系统、物联网和高性能计算等领域取得了显著进展。

RISC-V 的技术特点和优势主要体现在以下几个方面。

一是简洁性和模块化。RISC-V 的指令集设计简洁，核心指令集仅有 47 条指令，大大简化了硬件设计和实现。同时，RISC-V 采用模块化设计，可以根据需求灵活扩展，适应不同应用场景。

二是开源和开放。RISC-V 是完全开源的，任何个人或组织都可以自由使用和修改。这种开放性不仅降低了芯片设计的成本，还促进了技术的透明和创新。

三是高效性和可扩展性。RISC-V 在设计中注重高效性和可扩展性，支持 32 位、64 位和 128 位的架构，能够满足从嵌入式设备到高性能计算的各种需求。

四是生态系统支持。随着 RISC-V 的普及，围绕其建立的生态系统日益完善，包括开发工具链、操作系统、软件库和应用等，为开发者提供了丰富的资源和支持。

二、RISC-V 对芯片产业链的颠覆性影响

（一）芯片开源设计的重要意义

开源技术在 RISC-V 芯片设计、制造和应用中扮演着关键角色。通过开源设计，芯片制造商可以大幅降低研发成本，加速产品开发周期。同时，开源模式鼓励了更多的创新和改进，形成了良性循环。RISC-V 的开源生态系统，包括编译器、仿真器、操作系统和应用程序等，提供了完整的开发环境，支持从设计到制造再到应用的全流程。

RISC-V 的成功离不开其强大的生态系统支持。RISC-V 基金会及其成员通过开放合作，共同推动技术标准化和工具链开发，确保了 RISC-V 在各个环节的兼容性和一致性。全球范围内的公司、研究机构和开源社区积极参与，共享资源和技术，共同构建了一个开放、包容和高效的生态系统。这种合作模式不仅提升了 RISC-V 的技术水平，也推动了整个产业链的重构和升级。

（二）RISC-V 对中国芯片产业的影响

1. 降低技术壁垒与自主创新

RISC-V 作为一种开源指令集架构（ISA），不同于传统的专有架构

（如 ARM、x86），它不受任何单一公司的控制，所有开发者都可以自由访问和使用其架构。这对于中国芯片产业尤为重要，RISC-V 的开源特性为中国芯片厂商提供了低成本、高灵活度的解决方案，降低了进入高端芯片设计领域的门槛。

通过 RISC-V，中国企业可以绕开依赖国外技术专利授权的限制，摆脱对国外芯片架构的依赖，实现自主设计、创新。中国的半导体企业能够根据自身需求进行二次开发和优化，为特定行业和应用场景量身定制芯片。

2. 推动产业链重构

RISC-V 的开源模式促进了中国在芯片设计、制造、软件生态和硬件开发等多个领域的协作与创新。它推动了整个芯片产业链的重构。

- 设计：更多的芯片设计公司可以利用 RISC-V 架构来开发产品，增加了市场竞争和产品多样性。
- 制造：RISC-V 的灵活性允许中国芯片厂商专注于制造与设计流程的优化，降低开发成本，提升产品性能。
- 生态系统：RISC-V 允许中国在短时间内建立自己的芯片生态系统，包括硬件、软件工具链、操作系统和应用支持，进而减少对外国技术生态的依赖。

例如，随着 RISC-V 的广泛采用，越来越多的中国高校、科研机构和企业开始共同推动该生态的发展，建立起一整套支持工具和软件开发环境，有效减少了开发周期。

3. 知识产权壁垒的削弱

在传统的芯片设计中，使用如 ARM 或 x86 架构时，必须支付高额的授权费用，并且受制于这些公司对技术授权的限制。而 RISC-V 由于其开源性质，极大地削弱了知识产权壁垒。中国企业不再需要高额的知识产权费用，也不需要担心因国际制裁或技术封锁导致的供应链断裂问题。

这为中国芯片产业的快速发展提供了巨大的战略机遇,尤其是在中美科技竞争加剧的背景下,RISC-V 为中国科技自立、自强提供了重要的技术基础。

4. 支持定制化与多样化应用

RISC-V 提供了极高的灵活性,开发者可以根据不同应用场景定制指令集扩展。这使得中国芯片企业可以开发适应多种细分市场的芯片,从物联网设备、智能家居,到数据中心、人工智能处理器等不同应用领域,满足不同市场需求。

例如,RISC-V 已经在低功耗物联网设备、嵌入式系统和高性能计算等领域得到了广泛应用,开辟了中国芯片公司进军新市场的机会。

5. 推动中国芯片企业全球竞争力提升

RISC-V 不但帮助中国企业在国内建立起了更加完整的芯片供应链,而且它的全球开源社区也为中国企业提供了进入国际市场的机会。通过参与 RISC-V 的全球开源社区,中国芯片企业能够与国际同行共享知识、技术,并在全球技术标准的制定中发挥影响力。

中国的芯片公司可以借助 RISC-V 的开源生态,通过与全球研发团队合作,提高技术水平和创新能力,进而增强其在全球市场中的竞争力。

6. 培育本土芯片生态系统

随着中国政府和企业越来越重视 RISC-V,国内对其支持力度也在加大。包括华为、阿里巴巴、中兴通讯、联发科技、中国科学院等知名企业和研发机构纷纷加入 RISC-V 的生态系统,研发基于 RISC-V 的处理器、工具链和操作系统。

这种生态系统的发展不仅推动了技术的进步,也培养了大量的本土人才,形成了强大的技术储备。未来,RISC-V 有望成为中国自主可控芯片生态的核心组成部分,推动中国半导体产业的长期发展。

7. 突破国际技术封锁

由于 RISC-V 的开源和开放，它为中国应对国际技术封锁提供了有效的技术路径。通过 RISC-V，中国能够摆脱对国外技术的过度依赖，特别是在美国对华技术封锁的背景下，RISC-V 的开源架构为中国芯片产业的自立提供了重要支持。

（三）中国参与 RISC-V 生态的实践

（1）北京开源芯片研究院

北京开源芯片研究院成立于 2021 年 12 月 6 日，是一家民办非企业性质的创新联合体，由一批行业龙头企业和国内顶尖科研单位共同牵头发起成立。这一平台的建立，标志着我国在 RISC-V 开源芯片领域的研究和应用进入了一个新的阶段。

1. 推动 RISC-V 开源芯片技术研究

研究院专注于 RISC-V 的架构开发和应用，致力于建立一个自主、安全的芯片生态系统。它通过与高校、科研机构、产业界的合作，推动 RISC-V 架构在中国的研发和商业化。

2020 年发布了首款基于 RISC-V 架构的"香山芯片"。该芯片以开源技术为基础，旨在推动中国开源芯片生态的发展。这一项目是中国自主芯片领域的重要突破，通过开源架构降低了设计和生产的技术壁垒，使中国有更多机会自主创新。

2. 开发开源工具链

北京开源芯片研究院积极开发支持 RISC-V 的开源工具链和软件栈，包括编译器、调试工具等。通过这些工具的开发，研究院为 RISC-V 芯片设计提供了更加完善的开发环境，降低了企业和科研单位进入开源芯片设计领域的技术门槛。

3. 人才培养计划

"一生一芯"计划面向大学生和芯片开发者，提供基于 RISC-V 架构的开发工具与教学资源，推动开源芯片技术的普及与人才培养。"一生一芯"计划不仅促进了 RISC-V 生态的壮大，还推动了国内开源硬件教育和产业结合，培养了一批年轻的开源芯片开发者。

北京开源芯片研究院不仅推动了 RISC-V 在中国的技术普及，还加速了自主可控芯片的开发进程。通过开源生态的建设，研究院为中国企业提供了开放的技术基础，使其能够在芯片设计和生产领域实现创新，进而减少对国外专利和技术的依赖。

（2）阿里平头哥半导体

平头哥半导体是阿里巴巴旗下的半导体公司，成立于 2018 年。平头哥自成立以来，一直专注于 RISC-V 架构的芯片开发，是中国推动 RISC-V 生态发展的重要力量之一。平头哥旨在通过开源和自主创新来增强中国在芯片领域的竞争力。

1. 玄铁系列 RISC-V 处理器

平头哥开发了基于 RISC-V 架构的"玄铁"系列处理器，包括玄铁 910 和玄铁 600 等。这些处理器主要面向物联网、人工智能、边缘计算等场景，具备高性能、低功耗的特点。玄铁 910 是全球领先的 64 位 RISC-V 处理器，支持 5G、人工智能等高端应用，展示了中国在高性能 RISC-V 芯片领域的创新能力。

2. 开源策略

平头哥采取了积极的开源策略，玄铁系列芯片的设计方案和工具链都开放给了开发者。这不仅加速了 RISC-V 在中国的普及，还促进了全球范围内的技术交流与合作。平头哥的开源举措为 RISC-V 生态系统注入了强大的推动力，吸引了更多开发者和企业参与到 RISC-V 的开发中。

3. 芯片设计平台

平头哥还推出了基于 RISC-V 的芯片设计平台"无剑"，帮助中小企业和开发者低成本、快速地定制芯片。这种平台化设计工具降低了芯片设计的复杂度和成本，推动了 RISC-V 在物联网、智能硬件等领域的应用。

平头哥的成功实践展示了中国在 RISC-V 生态系统中的领先地位。通过玄铁处理器和"无剑"设计平台，平头哥不仅推动了中国在 RISC-V 领域的技术创新，还为全球 RISC-V 社区提供了重要的开源技术支持。平头哥的开源策略使得 RISC-V 架构在中国和全球市场上获得了广泛的应用，提升了中国企业在全球半导体领域的竞争力。

三、展望与挑战

RISC-V 的未来发展前景广阔。随着物联网、人工智能和高性能计算等新兴领域的快速发展，对高效、灵活和低成本芯片的需求日益增加。RISC-V 作为一个开源架构，能够灵活适应不同需求，具有极大的市场潜力。未来，随着更多企业和开发者的加入，RISC-V 有望在更多应用场景中占据重要地位，成为芯片产业的重要力量。

尽管 RISC-V 在技术和应用上取得了显著进展，但仍面临一些挑战。首先，市场上传统专有架构（如 ARM 和 x86）已经建立了强大的生态系统和市场地位，RISC-V 需要在竞争中不断提升自身的技术和应用水平。其次，开源芯片设计需要应对安全性和合规性的问题，确保在开放环境下的代码质量和安全性。

同时，开源芯片也面临着巨大的机遇。随着全球对开源技术的认可和支持不断增加，RISC-V 的应用前景将更加广阔。通过持续的技术创新和生态系统建设，RISC-V 有望在未来成为芯片产业的主流架构，推动技术进步和产业升级。

RISC-V 作为一种开源指令集架构，凭借其独特的技术特点和优势，正在重塑芯片产业链的各个环节。未来，通过不断创新和合作，RISC-V 将在更多应用场景中发挥重要作用，推动智能时代的到来。

第5节　开源与云原生

一、云原生的背景与现状

云原生（Cloud Native）是指构建和运行可弹性扩展应用的一种方法，它充分利用云计算模式的优势，提升应用的敏捷性、可扩展性和高可用性。云原生的核心理念是将应用程序设计为一组松散耦合的微服务，并通过容器化技术实现跨平台部署和运行。云原生技术的基础包括容器（如Docker）、编排系统（如Kubernetes）和微服务架构。

云原生的发展背景可以追溯到云计算的普及。随着云计算成为企业IT基础设施的重要组成部分，传统的单体应用架构难以充分利用云环境的弹性和资源调度能力。为解决这一问题，云原生架构应运而生，通过容器化、编排和微服务化，实现应用的灵活部署和高效运维。

目前，云原生技术在全球范围内得到了广泛应用和认可。主要趋势包括以下几方面。

一是容器化和编排，容器技术（如Docker）和编排系统（如Kubernetes）已经成为云原生应用的标准工具。企业通过容器化实现应用的跨平台部署，通过编排系统管理大规模容器集群。

二是微服务架构，越来越多的企业采用微服务架构，将单体应用拆分为多个独立的服务模块，每个模块可以独立开发、部署和扩展，提高了开发效率和系统灵活性。

三是DevOps与CI/CD，云原生架构推动了DevOps文化的发展，自动化的持续集成和持续交付（CI/CD）流程使得应用更新和发布更加频繁和稳定。

四是多云和混合云，企业开始探索多云和混合云策略，以避免供应商锁定，并充分利用不同云服务商的优势。

二、开源软件在云原生中的应用

云原生的崛起与开源软件的发展密切相关，开源技术为云原生架构提供了基础设施、工具和框架，推动了灵活、高效和可扩展的应用开发与运维。开源软件的创新和社区驱动使得云原生能够快速演进，满足不断变化的业务需求。在云原生技术中，开源项目发挥了至关重要的作用。以下是几个关键的开源项目。

1. Kubernetes：由谷歌开发并开源的容器编排系统，Kubernetes已经成为云原生应用的标准编排工具。它提供了自动化的部署、扩展和管理容器化应用的能力。

2. Docker：作为容器技术的先驱，Docker简化了应用的打包、分发和运行过程，使开发者能够构建轻量级、可移植的容器。

3. Prometheus：一个开源的系统监控和报警工具，特别适用于云原生环境中的容器监控。

4. Istio：一个开源的服务网格（Service Mesh），用于管理微服务之间的通信，提供流量管理、安全性和监控功能。

开源技术在云原生架构的发展中具有以下推动作用。

1. 技术普及和标准化：开源项目如Kubernetes和Docker推动了云原生技术的标准化和普及，使得企业能够快速采用和实现云原生架构。

2. 创新和社区驱动：开源项目通过全球开发者社区的协作和贡献，不断创新和改进技术，确保云原生工具和平台的先进性和实用性。

3. 成本效益：开源项目降低了企业的技术成本，使中小企业也能利用先进的云原生技术,实现数字化转型和业务创新。

4.生态系统构建:围绕开源项目形成了丰富的生态系统,提供了各种插件、扩展和集成工具,增强了云原生平台的功能和灵活性。

三、云原生对于云计算产业链的颠覆性影响

云原生对于云计算产业链的颠覆性影响主要体现在数据中心与云服务的深度协作上。传统数据中心逐渐向云原生架构转型,通过容器化和编排技术,实现资源的动态调度和高效利用。云服务提供商则提供基础设施即服务(IaaS)和平台即服务(PaaS),为云原生应用的开发和运行提供强大的支持。

开源技术在云原生应用开发中扮演着关键角色,主要体现在以下几个方面。

1.技术架构的重塑

微服务架构与容器化:云原生技术以微服务架构和容器化为核心,彻底改变了传统单体式应用的架构模式。微服务架构将应用拆分成一系列独立的服务,每个服务可以独立部署、扩展和维护,提高了系统的灵活性和可维护性。容器化技术(如Docker)使得这些服务可以轻松地在任何环境中部署和运行,进一步增强了系统的可移植性和弹性。

DevOps与自动化:云原生技术强调DevOps理念,通过自动化工具链(如CI/CD流程)实现开发、测试、部署和运维的一体化,显著提高了软件交付的速度和质量。这种自动化和持续集成的能力,使得企业能够更快速地响应市场变化,推出新功能和服务。

开源工具链如Kubernetes、Docker、Helm等,为开发者提供了一整套完整的开发、测试、部署和运维工具,简化了云原生应用的开发流程

开源中间件和服务如 Istio、Prometheus 和 Grafana，为云原生应用提供了服务网格、监控和可视化等关键功能，提升了应用的可管理性和可观测性。

开发者文化的转变：云原生促进了 DevOps 文化的发展，强调开发和运维团队之间的协作，推动了敏捷开发和创新的实践。

2. 运维模式的转变

降低运维成本：云原生技术通过自动化运维工具减少了人工干预，降低了运维的复杂性和成本。容器化技术使得资源利用率显著提高，同时简化了应用的部署和管理过程。通过将基础设施配置和管理转化为代码（Infrastructure as Code），开发和运维团队能够更高效地管理基础设施，减少错误并提升一致性。

增强系统稳定性：云原生应用的设计考虑了容错性和自我修复能力，能够在面对故障时保持稳定运行。这种设计思想使得系统更加健壮，减少了因单点故障导致的服务中断风险

3. 市场竞争格局的变化

由于云原生的快速发展，传统的云服务提供商面临着新的竞争压力，必须转型以满足新的市场需求，推动整个产业链的创新。

上游硬件与软件：上游硬件和软件厂商纷纷调整产品线以适应市场需求。例如，服务器、存储设备和网络设备供应商开始提供更多支持容器化技术的硬件产品；软件供应商则推出了各种云原生应用和服务平台。

中游云服务提供商：中游云服务提供商在云原生技术浪潮中扮演着重要角色。他们通过提供云原生平台、容器化解决方案、自动化运维工具等服务，帮助企业快速转型到云原生架构。

下游应用与消费群：下游应用与消费群是云原生技术的最终受益者。随着越来越多的企业采用云原生架构来构建应用和服务，下游用户

将享受到更高效、更灵活、更安全的数字化产品和服务。同时,云原生技术也将进一步推动各行各业的数字化转型进程。

四、展望与挑战

未来,云原生技术将继续向更广泛的应用场景和更深层次的技术创新发展。主要发展方向包括以下几方面。

1. 边缘计算:云原生技术将在边缘计算中发挥重要作用,推动应用和数据处理向边缘节点延伸,实现低延迟和高可靠性的服务。

2. 无服务器架构(Serverless):云原生技术将进一步推动无服务器架构的发展,简化应用部署和运行,降低运维负担。

3. AI与云原生融合:云原生技术将与人工智能深度融合,提供更强大的计算和数据处理能力,推动智能应用的发展。

开源在云原生领域面临着广阔的机遇和挑战,主要包括以下几方面。

1. 技术创新和生态建设:开源项目将继续推动云原生技术的创新,并构建更加完善的生态系统,为企业提供更加灵活和多样化的解决方案。

2. 安全性和合规性:随着云原生技术的普及,安全性和合规性问题将变得更加重要。开源社区需要加强对安全漏洞和合规要求的关注,确保技术的安全性和可靠性。

3. 技能和人才培养:云原生技术的复杂性对开发者提出了更高的要求,开源社区和企业需要加强对相关技能和人才的培养,推动技术的普及和应用。

开源技术在云原生领域具有重要的推动作用,通过不断创新和合作,将引领云计算的未来发展,推动数字经济的全面升级。

第6节 工业自动化开源创新平台

一、工业自动化的背景与现状

工业自动化指利用控制系统（如计算机和机器人）来操作工业设备，减少或替代人力干预，实现生产过程的自动化。工业自动化的起源可以追溯到20世纪初，随着计算机技术和信息技术的发展，工业自动化在20世纪后期和21世纪初迎来了快速发展。自动化技术提高了生产效率、产品质量和安全性，降低了生产成本。

目前，工业自动化已经渗透到各个制造领域，包括汽车、电子、化工、食品加工等行业。现阶段的工业自动化不仅限于单一设备或生产线的自动化，更涉及整个生产流程和供应链的智能化管理。工业4.0概念的提出，将智能制造和工业物联网（IIoT）作为核心，通过大数据、云计算和人工智能等技术，实现生产设备的互联互通和智能决策。

当前，工业自动化的主要技术趋势包括以下几方面。

1. 智能制造：利用人工智能和机器学习技术，实现生产设备的自我优化和故障预测，提升生产效率和质量。

2. 工业物联网（IIoT）：通过传感器和通信技术，实现设备和系统的互联互通，实时监控和管理生产过程。

3. 数字孪生：创建物理设备的数字模型，模拟和优化生产过程，提升生产的灵活性和效率。

4. 机器人技术：广泛应用于生产线，进行自动化装配、搬运和检测，提高生产速度和精度。

二、开源技术在工业自动化中的应用

在工业自动化领域,开源技术和项目为推动技术创新和应用普及发挥了重要作用。以下是几个关键的开源项目。

1. ROS-Industrial:ROS-industrial 是一个开源机器人软件项目,将 ROS 的高级功能扩展到新的制造应用程序。旨在将先进的机器人技术应用于工业自动化。ROS-Industrial 提供了丰富的库和工具,支持机器人系统的开发、调试和部署。

2. OPC UA:一个开源的工业通信协议标准,提供了跨平台、跨厂商的数据交换能力,广泛应用于工业自动化系统的互联互通。

3. Node-RED:一个基于流的开源编程工具,用于将设备、API 和在线服务连接在一起,简化工业自动化系统的集成和管理。

开源技术通过降低成本、促进创新和增强协作,加速了工业自动化的发展。具体表现为以下几方面。

1. 降低研发成本:开源项目提供了免费的工具和框架,企业可以在开源社区的基础上进行二次开发,显著降低了研发成本。

2. 促进技术创新:开源项目汇集了全球开发者的智慧,通过共享代码和技术,推动了自动化技术的快速迭代和创新。

3. 增强系统互操作性:开源标准和协议(如 OPC UA)确保了不同设备和系统之间的兼容性和互操作性,简化了工业自动化系统的集成。

4. 提高安全性和透明性:开源代码的透明性允许开发者和用户审查和改进安全性,减少了封闭系统中的潜在安全风险。

三、工业自动化的供应链重构

开源技术在工业自动化供应链的重构中发挥了关键作用。通过开源平台，不同企业和系统之间可以实现数据的高效共享与协作，打破信息孤岛，提高供应链的透明度和响应速度。例如，基于开源的工业物联网平台，可以实时收集和分析生产数据，优化生产计划和资源配置，提高整个供应链的效率。

开源技术在工业自动化中的角色主要体现在以下几个方面。

1. 标准制定：开源项目（如 OPC UA）推动了工业自动化通信协议的标准化，确保了不同设备和系统的互操作性。

2. 技术共享：通过开源社区，开发者可以共享自动化系统的设计方案、代码和经验，推动技术的普及和应用。

3. 创新驱动：开源技术的开放性和透明性激发了全球开发者的创新热情，促进了新技术和新应用的快速发展。

四、展望与挑战

未来，工业自动化将继续向智能化、互联化和柔性化方向发展。人工智能和机器学习技术的深入应用，将使生产设备具备自我优化和预测维护能力，进一步提升生产效率和质量。工业物联网将实现设备和系统的全方位互联，打造智能化工厂和供应链。数字孪生技术将实现物理设备的虚拟模拟和优化，提高生产的灵活性和适应性。

开源技术在工业自动化领域面临着巨大的机遇和挑战。机遇方面，开源技术的普及将进一步降低工业自动化系统的成本，推动技术的广泛应用和创新。通过开源社区的协作，能够加速技术的迭代和标准化进程，提升系统的兼容性和安全性。

然而，开源技术也面临一些挑战。首先，开源项目的维护和持续发展需要稳定的资金和社区支持。其次，开源代码的安全性和可靠性问题仍需进一步解决，确保在工业环境中的应用安全。此外，如何在开源和商业利益之间找到平衡点,保证企业的积极参与和投入,也是一个需要解决的问题。

开源技术在工业自动化领域具有重要的推动作用,通过不断创新和协作,将引领工业自动化的未来发展,推动制造业的智能化和数字化转型。

第7节　开源与软件定义汽车

（一）软件定义汽车（SDV）的背景与现状

软件定义汽车（SDV）概念的提出源于汽车电子化与智能化的快速发展。随着车载电子控制单元（ECU）、传感器、自动驾驶系统、车联网（V2X）等技术的进步,汽车不再仅仅依赖机械硬件,而更多依赖于软件功能。通过软件来定义和控制车辆的功能和特性,正在改变整个汽车产业的运作模式。

传统汽车的研发周期较长,硬件升级较为缓慢,车辆功能在生产完成后基本定型。随着数字化转型的深入,汽车逐渐变为"轮子上的电脑",车载软件的更新频率不断增加。自动驾驶、智能座舱、智能交通等领域的兴起,推动了汽车向软件定义方向转型。

目前,特斯拉等先行者通过OTA（Over-The-Air）技术实现了车辆功能的实时更新,成为SDV模式的代表。而传统车企也纷纷向软件驱动的方向转型,包括大众、福特、丰田等企业在内,开始构建软件平台和操作系统,并与外部软件供应商展开广泛合作。

（二）开源技术在SDV中的应用

开源技术在软件定义汽车的生态系统中扮演了重要角色,为汽车制造商和供应链带来了灵活性、创新性和协作的优势。

1. 操作系统和基础架构：开源操作系统（如 Linux）广泛用于车载系统中，例如 Automotive Grade Linux（AGL）是一个为汽车行业开发的开源操作系统，支持汽车功能的开发和定制，推动了车辆的联网、自动驾驶、智能座舱等技术的发展。

2. 自动驾驶软件平台：开源自动驾驶堆栈如 AutoWare 和 Apollo 等为企业提供了从传感器数据处理、环境感知到路径规划和控制的完整解决方案。通过开源，开发者和企业可以快速迭代创新，并共享数据和算法。

3. 车载数据通信和标准：开源项目在推动汽车内部和外部数据通信标准方面也发挥了重要作用，确保车辆与基础设施、云端服务和其他车辆的互联互通。例如，Eclipse OpenSDV 提供了一套开发工具，帮助汽车制造商实现不同车载系统之间的互操作性和数据共享。

4. 网络安全与数据隐私：在 SDV 中，数据安全和隐私是关键问题。开源密码学和安全框架（如 OpenSSL）在 SDV 网络架构中被广泛应用，保障了车辆通信的安全性。

（三）SDV 对汽车产业的颠覆性影响

软件定义汽车正在颠覆传统的汽车制造和运营模式，带来一系列深远影响：

1. 颠覆传统商业模式：过去汽车的核心竞争力在于机械硬件，而在 SDV 时代，软件成为关键差异点。汽车制造商的收入结构从销售车辆逐步转向提供软件服务和持续功能更新。汽车从一次性销售转向"服务即软件"的模式，促进了新的商业模式如订阅服务、按需功能激活的产生。

2. 加速创新周期：开源软件使汽车企业能够以更快的速度推出新功能和技术。通过开源协作，创新成果可以在全球范围内共享和优化，降低了开发成本,并缩短了新技术的研发周期。

3. 提高车辆的定制化与升级能力:SDV 使得车辆在售后仍然可以通过软件升级进行功能增强或个性化定制,用户可以根据需求选择激活新的驾驶辅助、娱乐系统或能源管理功能。这种灵活性使得汽车产品的生命周期大幅延长,提升了车辆的市场价值。

4. 推动汽车产业生态的重构:SDV 促使车企、科技公司、供应商和软件开发者建立新的生态系统。传统汽车产业链的分工逐渐模糊,车企与技术提供商、开源社区、初创公司共同合作,打造以软件为核心的新型汽车产业生态。

5. 数据驱动与自动驾驶加速:通过开源技术与大数据平台的结合,汽车制造商能够更加高效地收集、分析车辆运行数据,优化自动驾驶算法。大规模数据分析和人工智能在智能驾驶中的广泛应用,促进了从部分自动驾驶到完全自动驾驶的发展。

开源技术为软件定义汽车的发展提供了强大的推动力。通过开放的协作平台,企业能够更快、更低成本地实现车辆智能化转型,并通过不断的软件更新和功能扩展来保持竞争力。SDV 正逐渐重塑全球汽车产业的格局,使得软件成为汽车行业的创新核心。开源技术不仅推动了技术进步,也为汽车企业的全球化和智能化带来了新的机遇。

小 结

开源技术在数字商品生产及大规模生产协作中展现了巨大潜力,不仅降低了行业进入门槛,促进了技术创新,还加强了企业间的数据共享与协作。未来,随着开源项目的持续发展,技术标准的完善,以及社区与企业的紧密合作,开源将在推动产业链重构、提升产业竞争力方面发挥更加核心的作用。

第 4 章

开源服务业

从开源软件到硬件、数据、算法、内容及标准，开源技术在数字经济中占据战略性地位。其基础性与先导性作用显著，推动服务需求激增，涵盖咨询、实施、支持、维护、管理及培训等多元领域。随着数字经济深化，开源服务业成为投资热点，展现强劲增长潜力。第四章详细阐述了开源服务业的兴起、发展现状及未来趋势。从自由软件运动到人工智能时代，开源服务不断演进，形成了多元化市场。开源社区的扩大推动了技术创新和知识共享，同时开源安全和法律服务的发展，保障了软件的安全性和合规性。开源服务业的快速增长得益于其灵活性、创新性和成本效益，对互联网行业和数字经济产生了深远影响。

第 1 节　开源服务业的兴起

一、开源服务业的演变

开源服务业的形成与演进，是一个从技术理念萌芽到产业生态成熟的渐进过程，它不仅反映了技术本身的革新，也映射出软件行业乃至整个数字经济的发展脉络。开源服务业的形成与发展经历了多个阶段，从自由软件到人工智能时代，开源服务业逐渐成为数字经济的基础设施，并呈现出快速增长的潜在市场规模。

（一）自由软件到开源运动兴起（20 世纪 80 年代中期—20 世纪 90 年代末）

这个阶段标志着开源理念的诞生和初步发展。1985 年，理查德·斯托曼（Richard Stallman）创立自由软件基金会（FSF），推动 GNU 项目和自由软件理念。FSF 通过会员费、捐赠、销售 GNU 手册等方式获得收入，维持组织运作。Cygnus Solutions（一家信息技术公司，旨在为自由软件提供商业支持）成立于 1989 年，围绕 GNU 工具链提供商业支持服务，开创了开源商业模式的先河。Cygrus 在 2000 年并入到了红帽软件公司。

（二）企业采用阶段（20 世纪 90 年代末—2010 年左右）

随着自由软件运动的推进，企业开始认识到开源软件的商业价值。红帽软件、数硕软件（SUSE）和科能软件（Canonical）等公司的崛起代表了这一阶段的典型案例。红帽软件通过其企业级 Linux 操作系统和支持服务，成功地将开源软件引入企业市场。数硕软件和科能软件也通过提供稳定的 Linux 发行版和商业支持，推动了 Linux 在企业中的广泛应用。

（三）生态系统成熟阶段（2010 年—2020 年左右）

进入 21 世纪，开源生态系统逐渐成熟，形成了一个多元化的开源服务市场。代码托管平台如 GitHub、GitLab 和 Gitee，为开发者提供了方便的代码管理和协作工具，促进了开源项目的快速发展。云服务公司如 MongoDB、ElasticSearch 和 DataBrick，通过提供开源软件的云端服务，进一步扩展了开源软件的应用场景。软件供应链安全公司如新思科技（Synopsys）和黑鸭子（Black Duck），通过提供安全审计和合规服务，保障了开源软件的安全性和合规性。此外，开源项目办公室（OSPO）在企业内部推动开源治理和策略实施，进一步推动了开源生态系统的发展。

（四）人工智能时代（2020 年至今）

随着人工智能技术的快速发展，开源软件在 AI 领域也展现了巨大的潜力。平台如 Hugging Face、阿里魔搭社区、Llama 中文社区等，通过提供丰富的预训练模型和便捷的 API 接口，降低了 AI 应用的门槛，加速了 AI 技术的普及和应用。

二、开源服务兴起的原因

随着开源项目在各技术领域的广泛应用，企业越来越认识到开源软件的价值，将其作为数字化转型和创新的关键驱动力。根据红帽《2022 年企业开源状况报告》指出，80% 的 IT 决策者预计他们会在新兴技术领域使用企业级开源软件[1]。开源解决方案的灵活性、可定制性和社区支持使其成为企业IT战略的核心组成部分。因此，企业对开源服务的采用推动了市场的快速增长。根据《开源服务市场规模和份额分析 - 增长趋势和预测（2024年—2029年）》报告显示，2024年全球开源服务市场规模预计为349.9亿美元，预计到2029年将达到760.7亿美元，在预测期内（2024—2029年）复合年增长率为16.80%。[2]

开源社区的持续扩大为技术发展提供了强大动力。全球开发者的积极参与不仅加速了创新，还提高了代码质量和多样性，使开源解决方案更加强大和可靠。《Octoverse：2023年的开源现状和人工智能的崛起》报告显示，GitHub平台上的项目数量达到了420百万，增长了27%，托管仓库已达4.2亿，新增仓库7300万个，增长率达21%全球开发者账户数量总数超过1亿，增长了近26%，开发者为GitHub上的开源项目做出了总计3.01亿次贡献。[3] 这表明开源社区的扩展和贡献在持续推动开源服务的增长。

随着开源软件的广泛应用，安全漏洞问题日益受到关注。Synopsys2023年开源安全和风险分析报告指出，84%的代码库包含至少一个已知漏洞，48%的代码库包含高风险漏洞，突显了对开源安全管理的需求。[4] 为了应对安全挑战，企业在开源软件安全性和合规性方面

---

[1] 红帽《2022年企业开源状况报告》P9（https://www.redhat.com/zh/enterprise-open-source-report/2022）

[2] Mordor Intelligence《开源服务市场规模和份额分析 - 增长趋势和预测（2024年—2029年）》（https://www.mordorintelligence.com/zh-CN/industry-reports/open-source-service-market）

[3] GitHub《Octoverse：2023年的开源现状和人工智能的崛起》（https://github.blog/2023-11-08-the-state-of-open-source-and-ai/）

[4] Synopsys《2023年开源安全和风险分析》（tps://www.synopsys.com/software-integrity/resources/analyst-reports/open-source-security-risk-analysis/thankyou.html#UX executive-Summary）

的支持大幅度增加。这包括建立专门的开源项目办公室（OSPO）、投资安全工具、培训开发人员、加强代码审查等措施。大量与开源软件供应链安全相关的技术、产品和服务涌现，如静态分析工具、动态分析工具、漏洞赏金计划等，这些为企业提供了更多的安全保障手段。新兴的开源组织，例如 TODOGroup、OSPO++、OpenChain、InnerSource Commmons 等，纷纷推出相关的服务，如开源治理成熟度评估、开源许可证合规性咨询等，帮助企业提升开源成熟度并加大对开源社区的支持。

开源服务的快速增长对整个互联网行业和数字经济产生了深远的影响。它不仅推动了技术创新和知识共享，还为企业提供了一个灵活、成本效益高的解决方案，以支持他们的数字化转型。

开源服务业与传统软件服务业在多个方面存在显著差异。开源服务业基于开放源代码，具有高度的透明性、灵活性和可定制性，其创新由全球开发者社区驱动，服务模式多元化，从技术支持到战略咨询覆盖广泛。相比之下，传统软件服务业基于闭源专有软件，创新主要由供应商主导，服务范围相对固定，客户对特定供应商的依赖度较高。开源服务业的成本结构更倾向于服务而非软件许可，这使得它能够提供更具成本效益的解决方案。此外，开源服务业的生态系统更加开放和协作，有利于快速响应市场需求和技术变革。

开源服务业快速增长的关键就在于开源软件的灵活性、创新性和成本效益。开源模式能够更快速地适应技术变革和市场需求，通过全球社区的协作实现持续创新，同时降低了企业的技术成本和供应商锁定风险。这种模式不仅满足了企业对定制化、高性能和成本效益解决方案的需求，还能够支持企业的数字化转型和技术创新战略，因此在当前快速变化的技术环境中更具竞争优势，推动了开源服务业的快速增长。

第 2 节 开源安全公共服务平台

一、开源安全公共服务平台的重要性

近年来，美国和欧盟都加大了对开源安全的重视和政策支持。美国在 2021 年发布的 13800 号行政令中强调了软件供应链安全的重要性，包括开源软件。[①] 随后，白宫召开了开源软件安全峰会，并在 2022 年的《国家网络安全战略》中进一步强调了加强开源软件安全的必要性，2024 年 5 月发布了该战略的 2.0 版本[②]。此外，美国网络安全与基础设施安全局（CISA）2023 年 9 月 12 日发布《CISA 开源软件安全路线图》，明确了开源软件的数字公共物品属性，提出了对开源软件安全风险的重点关注和应对措施。欧盟方面，《开源软件战略 2020—2023》[③] 和《网络弹性法案》[④] 都体现了对开源安全的高度重视。这些政策举措凸显了开源安全在国家战略层面的重要地位。

在这样的背景下，开源安全公共服务平台的重要性和意义愈发突

[①] 美国白宫公布关于改善国家网络安全的行政命令（https://www.whitehouse.gov/briefing-room/presidential-actions/2021/05/12/executive-order-on-improving-the-nations-cybersecurity/）

[②] 美国 2024 年发布的《国家网络安全战略》v2.0（https://www.whitehouse.gov/wp-content/uploads/2024/05/National-Cybersecurity-Strategy-Implementation-Plan-Version-2.pdf）

[③] 欧盟 Open source software strategy 2020—2023（https://commission.europa.eu/about-european-commission/departments-and-executive-agencies/digital-services/open-source-software-strategy_en）

[④] 欧盟《网络弹性法案》（https://www.european-cyber-resilience-act.com/）

出。这些平台不仅提高了开源生态系统的透明度,使漏洞信息更加公开和易于获取,还促进了开发者、安全研究人员和企业之间的协作,共同应对安全挑战。通过集中化的漏洞管理和风险评估,这些平台帮助企业和开发者更有效地识别和修复安全问题,从而降低整体安全风险。此外,它们在推动开源安全标准化、提升安全意识方面也发挥着关键作用,为整个软件行业的安全发展奠定了基础。

二、全球知名的开源安全公共服务平台

(一)开放 Web 应用程序安全 OWASP 项目

开放 Web 应用程序安全项目(Open Web Application Security Project)是一个全球性的非营利组织,致力于提高 Web 应用程序的安全性。OWASP Foundation(https://owasp.org/)提供了多种开源安全工具和资源,被广泛应用于 Web 应用程序的安全测试、漏洞扫描和修复等方面。

(二)公共安全漏洞披露平台

公共安全漏洞披露平台(Common Vulnerabilities and Exposures,CVE)是一个由美国国土安全部资助,由 Mitre 公司进行维护的安全项目。它旨在标准化识别已知网络威胁,为各种公开知晓的信息安全漏洞和风险提供标准化的名称。CVE 列表是一个公开已知的网络安全漏洞和暴露的列表,每个漏洞都有一个唯一的标识符,方便链接来自漏洞数据库的信息,并对安全工具和服务进行比较。

(三)开源安全基金会 OpenSSF

由 Linux 基金会领导的 OpenSSF(Open Source Security Foundation)

推动开源软件的安全标准和工具的开发,旨在提高开源软件的安全性。主要项目包括 Best Practices Badge、Security Scorecards 和 Allstar。

(四)"源图"项目

"源图"项目(https://yuantu.ac.cn/)是中国科学院软件研究所和中科南京软件技术研究院建设的开源软件供应链重大基础设施平台。该项目旨在通过突破软件领域关键核心技术,建设国内首个开源软件采集存储、开发测试、集成发布、运维升级一体化设施,打造服务全球的开源代码知识图谱和开源软件供应链体系。

源图 3.0 已经累计获取分析开源软件超过 1.4 亿款,构建了国内规模最大的开源软件知识图谱,实体数量超过 1.8 亿条,关系数量超过 26 亿条,代码行数超过 1900 亿行。[①] 在漏洞管理方面,实现了对多个开源项目的漏洞自动化识别、跟踪和管理,为 OpenHarmony、openEuler、OpenAnolis 等国内开源项目提供了重要的漏洞情报支持。在生态构建方面,接入了开放原子开源基金会代码托管平台 AtomGit 等生态伙伴,为开发者提供了一系列开箱即用的插件和先进的代码评审模式。

三、开源安全公共服务平台的发展趋势

从开源安全成为一种数字公共产品和服务的角度来看,开源安全公共服务平台将呈现以下发展趋势。

一是多层次安全服务的提供。平台将提供从基础安全服务到高级安

[①] 数据来源:开源软件供应链重大基础设施建设取得重要进展"源图3.0"正式启动(http://njis.ac.cn/kyjz/show/180.html)

全服务的多层次解决方案，包括开源成分分析、漏洞检测、动态分析和实时安全监控。

二是社区协作与共享。平台将更加注重社区的参与和协作，汇集全球开发者和安全专家的力量，分享最佳实践和安全知识，推动开源生态系统的健康发展。

三是技术创新与智能化。平台将引入人工智能和大数据技术，提升自动化和智能化水平，提供更加精准和高效的安全解决方案。

四是法规和政策的响应。平台将紧跟全球范围内的安全法规和政策，提供符合标准的安全服务，帮助企业应对合规性挑战。

五是本地化与国际化并重。在保持国际标准兼容性的同时，更多平台将关注特定地区或领域的需求。

这些趋势反映了开源安全公共服务平台正在向更加开放、协作和普惠的方向发展，逐步成为维护开源软件生态系统健康的关键数字公共基础设施。

第3节　开源法律服务中心

一、开源法律服务的发展历程

开源软件的兴起和发展，对传统的软件法律体系带来了新的挑战。传统的软件法律主要针对商业闭源软件开发和销售，而开源软件的开放、协作和共享特性，使得传统的法律规则难以有效适用。为了应对开源软件带来的新挑战，从20世纪90年代末开始，开源法律服务开始逐渐兴起。一些非营利组织和律师事务所开始专门为开源软件项目和开发者提供法律服务。21世纪以来,随着开源软件的广泛应用,开源法律服务也得到了快速发展。越来越多的企业意识到开源法律服务的重要性,寻求专业律师的帮助,以解决开源软件使用过程中遇到的法律问题。

(一)自由软件运动阶段(20世纪80—90年代)

在自由软件运动阶段,随着自由软件的兴起,带来了许可证合规和知识产权保护的挑战。由于法律概念和实践尚不成熟,缺乏专业的法律支持,因此需要在保护作者权利和保障软件自由之间取得平衡。为了避免法律纠纷,开源社区开始制定标准化的开源协议,如 GPL、BSD 等,明确开源软件的使用、修改和分发规则。此阶段的重要事件包括自由软件基金会(FSF)的成立,GNU 通用公共许可证(GPL)的首次发布,以及 Linux 内核的发布。理查德·斯托曼(Richard Stallman)作为自由软件运动的创始人和 GNU 项目的发起者,以及埃本·莫格伦(Eben Moglen)作为 FSF 的首位法律顾问,对这一阶段的发展起到了关键作用。此阶段的特点是法律服务主要由社区志愿者提供,缺乏专业化和系统化,焦点在于创建和推广自由软件许可证,并开始关注软件自由和用户权利的法律保护。

(二)开源软件普及阶段(21世纪初)

在开源软件普及阶段,Linux 和其他开源软件得到广泛应用,企业也开始大规模采用开源技术。这导致开源法律服务需求急剧增加,特别是在许可证合规和风险管理方面。此阶段,多个与开源相关的机构成立,如软件自由法律中心(Software Freedom Law Center,SFLC)和开放发明网络(Open Invention Network,OIN)通过共享专利池的方式,成员可以相互许可使用彼此的专利,以保护彼此免受专利诉讼的攻击。为开源项目提供专业法律支持和专利保护。同时,也发生了重要的开源软件相关诉讼，如 SCO 公司诉 IBM 案。埃本·莫格伦（Eben Moglen，SFLC 的创始人）和劳伦斯·莱斯格（Lawrence Lessig，CC 创意共用许可证创始人）等人在推动开源法律服务的专业化方面发挥了重要作用，他们分别推动了开源法律服务的专业化和开源法律思想的发展。此阶段的特点是开源法律服务开始专业化和机构化，企业开始重视开源合规性，并出现了专门针对开源软件的法律纠纷和案例。

（三）开源商业化阶段（21 世纪 10 年代）

21 世纪第一个 10 年是开源商业化深化的阶段。随着开源软件成为商业软件的重要组成部分，法律服务进一步专业化和规范化。大型科技公司纷纷设立专门的开源法律团队，开源合规成为软件开发和分发过程中的重要环节。开放发明网络（Open Invention Network，OIN）在这个阶段扩大了影响力，更多企业加入了专利保护网络。同时，Creative Commons（CC 协议，知识共享）的广泛应用使得开源思想的影响扩大到了软件之外的内容领域。这个阶段最引人瞩目的法律案件是持续了 11 年的甲骨文诉谷歌案，涉及 Java API 的版权问题，对软件行业产生了深远影响。2017 年 Facebook 重新授权 React 使用 MIT 许可证的事件，则引发了关于开源许可证选择的广泛讨论。希瑟·米克（Heather Meeker）作为开源许可证专家，以及 Keith Bergelt 作为开放发明网络首席执行官，代表了开源法律服务在 21 世纪第一个 10 年的重要发展趋势。Meeker 的工作体现了开源法律服务向更专业、更复杂方向发展的趋势，特别是在商业化和新技术应用方面。而 Bergelt 的工作则反映了开源社区如何通过创新的组织形式来应对专利威胁，保护开源生态系统。他们的贡献不仅限于解决具体的法律问题，更重要的是，他们帮助塑造了开源世界的法律环境，推动了开源模式的持续发展和创新。此阶段的特点是开源法律服务涵盖了许可证合规、专利保护、商标管理等多个方面，开源合规工具和流程也实现了标准化，开源治理成为企业 IT 战略的重要组成部分。

（四）人工智能开源阶段（21 世纪 20 年代）

进入 2020 年，人工智能的快速发展为开源法律服务带来了新的挑战和机遇。AI 和机器学习技术的开源引发了关于数据隐私、算法偏见、版权等方面的新的法律讨论。2021 年 GitHub Copilot 的发布引发了 AI 生成代码的版权讨论，2023 年多个大型 AI 模型如 Meta 的 Llama 的开源，进一步推动了这方面的法律探讨。2025 年 1 月，DeepSeek 发布 R1 模型，DeepSeek 的开源策略在推动技术普惠的同时，也带来了数据隐私、责任归属、知识产权、国家安全等多方面的法律挑战。未来，需要在法律框架、技术规范和社会共识之间找到平衡点，以确保开源技术的健康发展。

总的来说，开源法律服务的发展历程反映了开源软件本身的演变，从最初的自由软件理念，到开源概念的形成，再到商业化的深入和 AI 时代的到来。每个阶段都带来了新的法律挑战和服务需求，推动了这个领域的不断发展和成熟。如今，开源法律服务已经发展成为一个复杂、多元的专业领域，涵盖许可证合规、专利保护、商标管理、AI 伦理等多个方面，并继续随着技术的进步而不断演进。

二、国内外知名开源有关的诉讼案的启示

开源软件的广泛应用和快速发展引发了一系列复杂的法律问题，这些问题通过几个著名的诉讼案例得到了充分体现。这些案例不仅展示了开源法律领域的复杂性，也凸显了专业开源法律服务的重要性，特别是在中国这样正在快速崛起的开源生态系统中。

甲骨文诉谷歌案是开源法律领域最引人注目的案例之一。这场持续了11年的法律战围绕Java API的版权问题展开，最终由美国最高法院裁定谷歌的使用属于合理使用。这个案例不仅明确了软件接口的版权边界，还强调了"合理使用"原则在软件开发中的重要性，对整个软件行业产生了深远影响。它同时也凸显了开源许可和API使用所涉及的复杂法律问题，为开源社区和商业公司敲响了警钟。

在欧洲，法国Lasso案则是另一个具有里程碑意义的案例。这是欧洲首例强制执行GPL的案件，该案涉及法国电信提供商Orange对开源软件Lasso的使用问题。Lasso的开发企业Entr'Ouvert起诉Orange侵犯了Lasso软件的版权并违反了GPL许可证。经过多次上诉历时13年，最终法国最高法院认定Orange侵权，并判其支付赔偿金。这个案例不仅确立了GPL在欧洲的法律效力，还强调了遵守开源许可条款的重要性，为开源社区提供了重要的法律支持。

2019年3月，广州知识产权法院就罗盒网络科技有限公司诉玩友网络科技有限公司等侵害开源软件著作权纠纷一案作出一审判决，判决侵权行为成立，被告须立即停止通过互联网平台提供含有被侵权开源代码的相关软件，并赔偿原告经济损失及维权合理开支共计50万元。这一判决不仅确立了开源许可在中国的法律效力，也为中国开源社区提供了重要的法律保障，同时推动了中国企业对开源合规的重视。

这些案例清楚地表明，专业的开源法律服务在当今复杂的技术和法律环境中扮演着至关重要的角色。开源许可和知识产权问题的复杂性需要专业的法律知识来解释和应用。专业的法律服务可以帮助企业识别和规避潜在的法律风险，确保在使用开源软件时严格遵守相关许可条款，避免陷入法律纠纷。同时，它还为开源创新提供了法律保障，促进了开源生态的健康发展。

三、中国开源法律服务的实践

许多开源基金会，如 Apache 软件基金会、Linux 基金会、Eclipse 基金会等，提供包括法律咨询和支持在内的多种服务，帮助开源项目合规使用开源许可证，并保护其知识产权。

在中国，开放原子开源基金会设立法务与知识产权部，为开源法律相关人才提供交流平台，推动开源文化的传播，并吸引更多人才加入开源法律行业。2025 年 2 月，上海开源信息技术协会开源法律与合规治理专委会成立。2025 年 3 月，上海开源法律服务中心挂牌。

在中国正在兴起的开源生态中，专业开源法律服务的重要性更加凸显。中国的开源法律实践还处于起步阶段，需要专业的法律服务来推动相关法律法规的完善。随着越来越多的中国企业参与开源项目，专业的法律服务可以帮助它们在使用和贡献开源项目时保护自身利益，同时促进中国开源生态与国际接轨，推动全球合作。

第 4 节　开源代码托管平台

开源代码托管平台的历史可以追溯到 20 世纪 90 年代末和 21 世纪初。早期的平台，如 SourceForge（1999 年），为开发者提供了一个集中存储和共享代码的地方。2005 年，林纳斯·托瓦兹为了更好地管理 Linux 内核的开发，创造了 Git，这是一个高速、分布式的版本控制系统。Git 的诞生不仅解决了大规模协作的效率问题，也促进了开源文化的进一步发展。

开源代码托管平台的价值和意义在于它们为全球开发者提供了一个共享、协作和创新的空间。这些平台使得代码的创建、维护和分发变得更加容易，加速了技术的发展和知识的传播。它们支持社区建设，促进了技术多样性和创新。

在国内外众多代码托管平台中，GitHub 是最为人们所熟知的一个。它成立于 2008 年，提供了一个基于 Git 的平台，支持代码托管、问题跟踪、Wiki 和代码审查等功能。GitHub 的社交特性，如关注用户、Star 项目和 Pull Requests，使其成为开发者交流和协作的重要社区。GitLab 是另一个流行的代码托管平台，它提供了一个集成的端到端开发平台，包括 Git 仓库管理、代码审查、持续集成和持续部署（CI/CD）等功能。GitLab 以其强大的自动化工具和开放的架构受到企业用户的青睐。在中国，Gitee（码云）是一个受欢迎的代码托管平台，它强调安全性和本土化服务。Gitee 提供了类似于 GitHub 的服务，但增加了对国内开发者更为友好的支持，如中文界面和更符合国内法规的数据处理方式。面向 AI 领域的新一代基础设施，如 Hugging Face 和阿里魔搭，提供了针对机器学习和深度学习项目的特定支持。这些平台提供了大量的预训练模型和相关的开发工具，使得 AI 开发者能够更容易地构建和部署模型。

代码托管平台的重要性不仅体现在技术层面，还在于它们作为数字公共基础设施的角色。Git 能力已经成为开发者的一种基本技能，而平台的服务能力则成为数字生产力的关键组成部分。代码作为数字生产资料和资产，需要得到有效的管理和应用，而代码托管平台正是提供这些服务的基础设施。随着数字化转型的深入，这些平台的重要性将持续增长，它们可能会提供更多增值服务，如自动化测试、部署和监控等，以支持更复杂的软件开发需求。

GitLink（确实开源）是中国计算机学会的官方开源创新服务平台，以国防科技大学及相关高校、企业研发的 Trustie（确实）开源内核为基础构建发布并提供在线服务，致力于为大规模开源开放协同创新助力赋能，打造创新成果孵化和新工科人才培养的开源创新生态，是学术界探索共建共享的新型开放创新平台以及学术共同体驱动的开源发展新途径。

Trustie/GitLink 系列平台致力打造一个产学研联合协同创新、高效群智激发汇聚的开源社区，核心功能包括分布式协作开发、一站式过程管理、高效流水线运维、多层次代码分析、跨平台双向同步、领域开源专区等一系列功能和服务。Trustie/GitLink 为包括新一代人工智能 OpenI 启智社区、科技部云计算与大数据木兰开源社区、战略科技领域红山开源社区等的建设提供了关键技术支撑，并支持了 CCF 开源创新大赛、CCF 确实开源编程夏令营、中国研究生操作系统开源创新大赛等活动，为激发我国开源创新活力、培养开源软件人才、探索开源教育改革等发挥了重要作用。

第 5 节　开源服务业未来方向

开源服务业正迎来一个全新的发展阶段，其普及和深化将带来深远的影响。随着开源文化和技术的不断推广，越来越多的企业、政府机构和非营利组织开始采用开源软件来提高透明度、灵活性和成本效益。这不仅体现在对开源软件的使用上，更包括对开源开发模式和社区协作方式的认可与应用。开源服务的普及和深化，将进一步推动技术创新和社会进步。

首先，开源服务的普及和深化将继续加速。随着企业对开源技术认知度的提高和采用率的增加，开源服务将从传统的 IT 领域扩展到更广泛的业务领域。企业不再仅仅将开源视为降低成本的工具，而是日益将其视为推动创新、提高灵活性和实现数字化转型的战略资产。这种认知的转变将驱动开源服务向更深层次发展，从基础的技术支持和维护，向战略咨询、架构设计和全面的解决方案集成等高附加值服务转变。开源服务提供商将需要不断提升自身能力，以满足企业对更高层次、更全面的服务需求。

其次，新兴技术与开源的深度融合是未来发展的重要趋势。人工智能与机器学习、云计算、物联网（IoT）、区块链、大数据和量子计算等新兴技术正在与开源社区的创新能力紧密结合，推动技术进步和产业变革。开源项目如 TensorFlow 和 PyTorch 在 AI 领域已经成为推动技术发展的关键力量，而 Kubernetes 和 OpenStack 在云计算中扮演了重要角色。物联网和区块链的开源解决方案也在逐步成熟，促进了这些前沿技术的广泛应用。例如，区块链的开源项目 Hyperledger 已经在多个行业中得到应用，推动了去中心化应用的发展。量子计算方面，开源项目如 IBM 的 Qiskit 正在为这一新兴领域的发展奠定基础。

再次，开源服务将呈现出多样化和专业化的发展趋势。除了传统的技术支持和订阅服务模式，新的服务类型也将不断涌现。安全性和合规性服务将成为重点，包括开源软件的安全审计、漏洞管理和许可证合规性服务。开源治理服务，如帮助企业建立开源项目办公室，制定开源战略和管理开源风险，将获得更多关注。开放数据服务和基于开源大模型的服务也将成为新的增长点。例如，随着像 OpenAI 的 GPT 系列、谷歌的 BERT 等开源大模型的兴起，围绕这些模型的定制化、部署和优化服务需求将大幅增加。此外，越来越多的开源项目将探索通过社区众筹、代币经济和去中心化自治组织（DAO）等创新模式实现可持续发展。这些新模式不仅为开源项目提供了新的资金来源和治理方式，也将衍生出相应的支持服务，如代币经济设计咨询、DAO 运营支持等。这种趋势反映了开源社区对更加可持续和自治的发展模式的探索，也为开源服务业带来了新的机遇和挑战。

最后，开源服务的全球化趋势将进一步加强。随着互联网的普及和全球开发者社区的壮大，开源项目的影响力将不仅限于某个国家或地区，而是具有全球性的影响力。这种全球化不仅体现在技术和代码的共享上，还包括开源项目的管理和运营的国际化，推动全球协作和知识共享。各国开发者和企业将通过开源平台进行合作，共同推动技术进步和产业发展。这种全球化趋势不仅体现在市场扩张上，还将推动服务标准的国际化、人才流动的全球化，以及跨国合作项目的增加。同时，不同地区的法律法规、文化差异和本地化需求也将促使服务提供商采取更加灵活和多元的策略。

小　结

开源服务业已成为推动技术创新和数字经济发展的关键力量。随着全球开源社区的扩大和技术的不断进步，开源服务将在促进技术创新、保障软件安全、提供法律支持和加强社区协作等方面发挥越来越重要的作用。未来，开源服务业将进一步深化发展，展现出更加多样化、专业化和全球化的特点，为数字经济发展注入新的活力。

第 5 章
国家开源创新体系

　　开源是一场伟大的社会创新活动,有组织保障(开源社会组织)、有制度保障(开源协议)、有开放共享的文化和价值观,且自动运行,这注定是一件开天辟地的大事件。第五章围绕国家开源创新体系建设,深入分析了开源对科研范式和创新模式的深远影响。数据开源与共享通过平台如 GitHub、ResearchGate 和 SCIHub 促进了科研的全球化协作和知识传播。开放平台和设备为科研人员提供了更广阔的资源和机会,降低了研究门槛,促进了资源的高效利用。AI for Science 与开源的结合为科研提供强大的工具,加速了技术难题的解决。开源软件改变了科研方法和工具,促进了科研合作与交流,推动了全球性问题的共同研究。开源与闭源模式的差异及其对企业选择的影响,以及开源如何促进创新模式的多样化和降低创新成本,提升创新效率,都在本章中进行了详细探讨。

第 1 节　开源对科研范式、创新模式的影响

一、开源对科研范式的影响

(一) 数据开源与共享

在当今的科研领域，数据开源和共享正逐渐成为一种主流趋势。GitHub、ResearchGate 和 SCIHub 等开源平台极大地促进了科研数据的交流与共享，已成为促进科研数据广泛共享和深度交流的重要力量，有力地推动了科研协作向全球化的方向迈进，更推动了科研范式的变革。

以 GitHub 为例，它为科研人员提供了一个便捷的代码托管和版本控制平台。科研人员可以在上面分享自己的研究代码，使得其他人能够重复和验证实验结果，从而提高科研的可靠性和可重复性。例如，在生物信息学领域，许多研究团队将其数据分析的代码开源在 GitHub 上，方便其他研究者在此基础上进行改进和拓展。

ResearchGate 则侧重于学术社交和研究成果的分享。科研人员可以在该平台上发布自己的研究论文、数据集和研究进展，与同行进行交流和讨论。这种开放的交流模式有助于激发新的研究思路和合作机会。

SCIHub 虽然存在版权争议，但其在一定程度上打破了学术资源的访问限制，使得更多科研人员能够获取到所需的文献资料，促进了知识的传播和创新。

（二）平台开放和设备开放

平台开放为科研人员提供了更多的资源和机会。先进的科研平台往往整合了丰富的资源和强大的功能，为科研人员提供了一站式的服务。比如，一个高效的科研项目管理平台，能够实现任务分配、进度跟踪、成果展示等多种功能，让科研团队成员之间的协作更加紧密和有序。又比如，某些专业的数据分析平台，能够快速处理和分析海量的数据，大大缩短了科研周期，提高了研究的准确性和可靠性。同时，一些大型科研机构和企业开放其科研平台，允许外部研究人员使用其先进的设备和技术。例如，谷歌的云计算平台为科研人员提供了强大的计算资源，使得他们能够处理大规模的数据和进行复杂的计算任务。

平台的开放使得更多的科研人员能够参与到前沿研究中，不再受到传统机构和资源的限制。设备的开放则降低了科研的硬件门槛，使得一些小型科研团队或个人也能够开展高成本的实验和研究。设备开放还使得科研资源得到更充分的利用。一些高校和研究机构将闲置的实验设备开放给其他单位使用，避免了资源的浪费，同时也促进了不同研究团队之间的合作。这种开放的模式促进了不同领域和学科之间的交叉融合，激发出更多创新的科研思路和方法。

（三）AI for Science 与开源

AI for Science 作为一种新兴的研究范式，与开源密切相关。开源作为 AI 技术传播的重要方式，使得更多科研人员能够接触到最新、最先进的 AI 技术。开源的机器学习框架如 TensorFlow 和 PyTorch 为科研人员开展与 AI 相关的研究提供了强大的工具。科研人员可以利用这些框架快速搭建模型，进行数据分析和预测，从而解决以往难以攻克的科研难题。同时，这些框架不仅具有丰富的功能和高效的计算能力，还拥有活跃的社区支持。科研人员可以在社区中分享自己的模型和经验，共同推动 AI for Science 的发展。例如，在药物研发领域，科研人员利用开源的深度学习框架构建药物分子的预测模型，通过共享代码和数据，加速了新药的研发进程。

（四）研究方法与工具

开源软件的出现改变了科研人员的研究方法和工具。以往，科研人员可能需要自行开发复杂的算法和工具，耗费大量的时间和精力。而现在，借助开源的软件，他们可以快速搭建起研究框架，专注于核心问题的研究。例如，在天文学领域，开源的图像处理软件使得科研人员能够更高效地处理和分析天文图像，发现新的天体和现象。

（五）科研合作与交流

开源促进了全球范围内的科研合作与交流。它打破了地域的限制，让全球各地的科研人员能够紧密合作，共同参与到同一项目的研究中。不同国家、不同文化背景的科研人员可以在开源的平台上交流思想、分享经验，汇聚各方智慧，形成强大的科研合力。这种全球范围内的合作交流，加速了科研成果的产出，推动了科学技术的快速发展。例如，在应对全球性的环境问题研究中，来自世界各地的科研人员通过开源平台共享数据和研究成果，共同为解决环境问题贡献力量。

二、开源对创新模式的影响

（一）开源与闭源的差异

闭源和开源是两种截然不同的软件开发和应用模式。闭源模式下，软件的源代码是保密的，只有软件开发者或拥有授权的机构能够访问和修改。这种模式的优势在于，企业可以更好地保护其知识产权，通过独家的技术优势获取竞争优势,并能够对产品进行更严格的控制和管理。例如,微软的 Windows 操作系统在很长一段时间内采用闭源模式,通过不断的版本更新和升级来维持其市场地位。然而,闭源模式也存在一些局限性。它限制了外部开发者的参与和创新,可能导致产品的更新和改进速度相对较慢,难以满足多样化的用户需求。

开源模式则将软件的源代码公开,允许任何人查看、修改和分发。这使得开源软件能够借助全球开发者的力量进行快速迭代和优化。例如,Linux 操作系统通过开源模式吸引了众多开发者的贡献,不断完善和扩展其功能。开源模式降低了软件开发的门槛,促进了技术的普及和应用。但开源也面临着一些挑战,如代码质量的控制、知识产权的保护以及盈利模式的探索等。

(二)企业选择闭源或开源模式的因素

企业选择闭源而非开源模式,往往与企业的发展阶段和战略密切相关。在企业的初创阶段,为了保护核心技术和独特的竞争优势,可能会选择闭源模式。例如,一家新成立的生物技术公司,其研发的新型药物配方可能会作为商业机密进行保护,采用闭源模式以防止竞争对手的抄袭。当企业发展到一定规模,追求市场份额的快速扩张和行业标准的建立时,可能会转向开源模式。比如,某些大型互联网企业为了推动其技术在行业内的广泛应用,会选择开源部分核心技术,以构建围绕自身技术的生态系统。

此外,商业模式的创新也会影响企业的选择。有些企业通过闭源软件的销售获取直接收入,而有些企业则通过开源软件的服务支持、增值服务或与其他产品的整合来实现盈利。

(三)开源促进创新模式的广谱化

开源促进了创新模式的广谱化,如众包、众筹和众创的兴起。众包模式借助开源平台，让全球范围内的参与者能够贡献自己的智慧和技能。这种模式打破了地域和组织的限制，充分利用了全球的智力资源。例如，维基百科就是一个典型的众包案例，全球的志愿者共同编辑和完善词条，使其成为一个庞大且丰富的知识库。在软件开发领域，开源项目如 Apache HTTP Server 吸引了来自不同背景和地区的开发者，他们贡献代码、修复漏洞、优化性能，共同推动项目的发展。

众筹模式则为创新项目提供了资金支持。许多开源硬件项目通过众筹平台获得了启动资金，实现了产品的开发和推广。以开源硬件项目 Arduino 为例，其开发者通过 Kickstarter 等众筹平台筹集资金，用于开发新的硬件模块和扩展板。这使得一些原本可能因资金缺乏而无法启动的创新项目得以实现，同时也为投资者提供了参与前沿创新的机会。

众创模式则营造了一个开放的创新环境，鼓励多人共同参与创新过程。开源社区中的创新项目往往是由众多志愿者共同发起和推动的。例如，开源的 3D 打印项目 RepRap，吸引了众多爱好者共同改进设计、分享经验，不断推出新的功能和应用。这种众创模式不仅降低了创新的门槛，还激发了人们的创新热情，促进了创新成果的快速传播和应用。

（四）开源推动创新成本的降低

开源软件显著降低了科研项目和创新活动的开发成本。第一，开源可以减少重复开发。在许多领域，开源已经提供了基础的框架和工具。例如，在数据分析领域，开源的 Python 库如 NumPy、Pandas 等，为数据处理和分析提供了强大的功能。开发人员无须自己从头开发这些基础功能，而是可以基于开源软件进行二次开发和优化，将更多资源投入到核心技术的研发中，节省了大量的时间和精力。第二，开源能降低技术获取成本。开源软件通常是免费获取和使用的，能够降低企业和研究机构在软件采购方面的支出。例如，开源的操作系统 Linux 可以替代昂贵的商业操作系统，为企业节省了大量的软件许可证费用。第三，开源能帮助资源优化配置。由于开源软件降低了基础开发的成本，科研人员能够将更多的资源投入到核心技术的研发和创新上。比如，在生物医学研究中，研究团队可以利用开源的图像处理软件，将更多的资金用于购买实验设备和开展前沿实验。

（五）开源促使创新效率的提升

一方面，开源项目通常采用迭代开发模式，能够快速响应市场变化和用户需求。以开源的移动操作系统 Android 为例，其通过频繁的版本更新，不断改进用户体验，增加新的功能。开发者能够根据用户的反馈及时进行调整和优化，使得产品能够更快地适应市场的变化。另一方面，开源代码的共享和复用使得开发效率大幅提高。开发者可以借鉴和复用已有的优秀开源代码，避免重复造轮子。比如，在开发一个新的电商网站时，可以直接使用开源的电子商务框架，在此基础上进行个性化的定制和开发，节省了大量的开发时间。此外，开源社区中的众多开发者可以同时对项目进行改进。以开源的 Web 开发框架 Django 为例，针对提高响应功能的请求，通过社区成员的共同努力得到快速解决，使得框架能够不断进化和完善。这种协作模式大大提高了创新的速度和质量。

第 2 节　开源对社会创新的影响

一、开源促进人人创新与大众创新

开源为每个人提供了参与创新的机会，打破了传统创新活动中由少数专业人士或机构主导的局面。例如，开源硬件平台 Arduino 使得没有深厚电子工程背景的爱好者也能设计和开发自己的智能设备。许多业余爱好者利用 Arduino 创造出了各种各样的创新产品，如智能家居控制器、环境监测设备等。在软件开发领域，开源项目如 WordPress 让普通人能够搭建自己的网站和应用，无须具备专业的编程技能。这极大地激发了大众的创新热情，促进了创新的普及。

二、开源推动创新平等

开源消除了创新过程中的资源和技术壁垒，实现了创新平等。无论个人或组织的规模大小、资金多寡，都能平等地获取和使用开源资源。例如，贫困地区的学校可以利用开源教育软件为学生提供优质的教育资源，与发达地区的学校站在同一起跑线上。对于小型创业公司来说，开源技术使其能够与大型企业在技术上竞争，降低了创新的门槛，为社会创造了更加公平的创新环境。

三、开源激发创新活力

开源社区的活跃氛围和自由交流的环境激发了源源不断的创新活力。在开源项目中，参与者可以自由地提出新的想法和建议，不同的观点和思路相互碰撞，从而产生新的创新火花。例如，Linux 操作系统就是在众多开发者的积极参与和不断创新中逐渐发展壮大的。而且，开源项目的成功案例也激励着更多的人投身于创新活动，形成了良好的创新激励机制。

四、开源影响教育方式

开源为教育领域带来了变革。开源教材和在线教育资源使得教育内容更加丰富和易得。例如，Khan Academy 等开源教育平台提供了大量免费的课程资源，让学生能够自主学习和探索。学校和教育机构也可以利用开源软件开展创新性的教学活动，培养学生的实践能力和创新思维。例如，通过参与开源项目的开发，学生能够在实践中提高自己的编程和解决问题的能力。

五、开源促进创新参与与协作

开源项目通常吸引了来自世界各地的参与者，他们通过网络协作共同推进项目的发展。这种跨地域、跨领域的协作模式打破了传统创新中的组织和地域限制。例如，在抗击新冠疫情期间，全球的科研人员通过开源平台共享研究数据和成果，共同为疫苗研发和疫情防控贡献力量。同时，开源社区中的协作也培养了参与者的团队合作和沟通能力。

六、开源提升创新实践与技能

参与开源项目为个人提供了丰富的实践机会，有助于提升创新实践能力和专业技能。开发者在开源项目中能够接触到真实的项目场景和复杂的技术问题，通过解决这些问题不断积累经验。例如，参与开源数据库项目可以深入了解数据库的设计和优化，提高相关技能。而且，开源社区中的技术交流和分享也使得参与者能够及时了解最新的技术趋势和最佳实践，不断提升自己的创新能力。

七、开源增强创新成果与影响力

开源项目往往能够产生广泛的社会影响。一些开源软件如 Firefox

浏览器拥有庞大的用户群体，其创新成果直接影响了人们的生活和工作方式。开源的医疗技术和解决方案也能够在全球范围内得到应用，改善医疗服务质量。例如，开源的医疗影像分析软件有助于提高疾病的诊断效率和准确性。

八、开源推进开放创新文化

开源倡导的开放、共享和合作的理念逐渐形成了一种开放创新文化。这种文化鼓励知识的传播和共享，反对技术垄断和封闭。它促进了不同组织和个人之间的合作与交流，营造了一个有利于创新的社会氛围。例如，越来越多的企业开始采用开源的模式开展研发活动，与外部开发者和合作伙伴共同创新，推动行业的发展。

延伸阅读

2020年11月8日，上海开源信息技术协会发布《中国开源创新社会工程倡议书》。

1. 活动目的和意义

通过开源宣传推广、开源教育等一系列社会活动，在全社会范围内掀起一场学习开源技术、弘扬开源文化的思想启蒙运动，培养数字经济时代公民应具备的数字思维和大规模生产协作能力。通过实施中国开源创新社会工程，推动建立与数字经济创新相适应的开源思想文化体系，推动有利于开源生态发展的法律法规及制度框架设计；从而增强人们对开源是数字经济公共基础设施、数字经济时代新商业文明的认识。该活动将有利于推动我国开源社区健康快速发展，有利于开源人才培养，从而推动我国开源生态的建设和发展，促进我国数字经济向高水平发展,提高数字经济的国际竞争力。

中国开源创新社会工程是在全社会范围内推广开源技术、开源文化启蒙及教育活动,是一场全民数字思维及思想解放运动。建设的内容包括:构建开源理论、形成开源方法论、大中小学开源课程及教材建设、全社会开源科普活动、开源人才培养等。

2. 中国开源创新社会工程倡议

创新是引领发展的第一动力。上海开源信息技术协会坚持需求导向和问题导向,以上海的国际视野、务实创新能力、开源开放精神,向全社会发出共同推动中国开源创新社会工程的倡议,内容如下。

(1)加快推动开源技术、开源商业理论构建

开源表现为开放源代码,背后则是一个学科群,孕育着技术、经济学、管理学、金融学、法学、社会学等理论的重大突破。开源创新的实践一再证明,缺乏理论指导的实践是盲目的实践。构建开源理论体系,为开源提供方法论指导,可以减少人们在黑暗中等待或徘徊的时间,企业可以少走弯路。

(2)在全社会开展开源宣传推广活动

先进的技术、先进的理论只有被群众所掌握,才能转化为物质的力量。因此,在全社会范围宣传推动开源文化、开源精神、开源思想,在全社会范围内加强开源教育,加强各类开源人才的培养,对于构建数字经济生产关系,从而提高数字经济生产力具有战略意义。

(3)在大中小学开展开源技术、开源思想教育

开源是一场全球协作的社会创新实践,开源教育有助于培养学生的数字思维和数字世界观。开源要进课程、进课堂。加快开源系列教材的编写,加强对大学生开源社团的指导,积极试点,创新开源人才培养模式。

3. 创新创业创造社

2020年10月，开源创新创业创造社（简称开源三创社）在上海对外经贸大学成立。社团秉承"平等、团结、协作、共享"的理念，致力于以国际视野、以开放式创新的态度，站在经济学、管理学等商科学科的角度，兼顾校内与校外，积聚与培养具有开源思想、前瞻性的人才。

通过引导学生学习开源技术、开源思想，来建设开源方式下的创新创业创造的团队，提升学生的创新创业的思想和能力，让更多学生通过开源方式实现创业梦想。

4. 开源创新与数字治理微专业

开源创新与数字治理专业是基于国家数字经济开源创新体系、上海开源产业开源服务业发展战略、数字公共产品国际合作、企业开源创新数字化转型、企业开源办公室、地方政府开源创新办公室，针对数字经济开源创新人才强烈需求而建立新专业。

人才培养目标：培养具有国际视野、数字思维及数字世界观，洞悉数字经济商务模式及运营规则，拥有开源创新理论及方法论，掌握数字商品大规模生产协作开源平台、技术、工具及能力，能从事企业开源竞争战略规划、开源治理、开源社区运营且知行合一的开源创新人才。

就业岗位：政府经济科技相关部门、企业开源办公室、地方政府开源创新办公室、开源社会组织、国际开源社区运营、开源治理、开源供应链、企业开源战略规划等。

共建设核心课程11门，包括数字经济与开源创新、开放式组织与管理创新、开源协议与公共知识产权、数字公共资源平台与协作（实训课程）、开源创新前沿、区块链原理与技术、设计思维与开源创业、数字商品生产线运营与管理（实训课程）、开源治理与供应链安全、企业开源竞争战略（案例分析）、开源社区运营与治理等。首批40名学生于2024年9月正式上课。

第3节 开源对国家创新体系的影响

一、开源对国家创新体系的主要影响

开源推动了知识和技术的广泛传播与共享。在传统的封闭创新模式中，知识和技术往往被少数机构或企业所垄断，限制了其广泛应用和进一步发展。然而，开源打破了这种垄断，使得知识和技术能够在更广泛的范围内流通。通过开源，科研人员可以获取到全球最新的研究成果和技术进展，大大缩短了技术更新周期，提高了创新效率。同时，开源社区的协作机制，使得科研人员可以跨地域、跨领域进行合作，拓宽了创新的视野，增强了创新的能力。例如，开源的软件代码和技术文档让更多的开发者能够快速获取和学习先进的技术，促进了技术的普及和应用。这不仅加速了技术创新的扩散速度，也为国家创新体系注入了新的活力和创造力。

开源推动技术创新和产业升级，为国家创新体系注入新的活力。一方面，开源降低了创新的门槛，激发了全社会的创新活力。对于个人和小型创新团队来说，他们无须投入大量的资金和资源来构建基础的技术框架，可以直接利用开源的成果进行创新。这使得更多的人能够参与到创新活动中来，形成了"人人创新"的良好局面，加快了技术的迭代应

用。另一方面，开源推动了产业的升级，如开源硬件、开源软件等，都在推动着制造业、信息技术等产业的变革和发展。开源项目构建的生态系统，吸引了众多参与者共建，不仅包括技术合作，还涵盖了市场推广、人才培养和标准制定等多个维度，增强了供应链的安全性和产业的整体竞争力。同时，开源软件的透明性和开放标准，促进了不同技术间的互操作性和兼容性，提升了行业效率。此外，开源的盛行也促使政策制定者关注并支持开源软件的使用和贡献，为产业升级提供法律和政策保障。

开源促进了创新资源的优化配置。国家在创新体系的建设中，往往需要在不同的领域和项目中进行资源分配。开源技术的出现使得一些共性的技术需求可以通过共享的方式得到满足，从而使有限的资源能够更多地投入到关键核心技术的研发和创新上。例如，在科研领域，开源的实验设备控制软件和数据分析工具，使得科研人员能够将更多的精力和资源用于实验设计和结果分析，提高科研创新的效率和质量。

开源还加强了国际创新合作与交流，促进科技人才的培养。在全球化的背景下，创新不再是孤立的活动，而是需要国际合作与协同。开源项目通常吸引了来自世界各地的参与者，他们共同为项目的发展贡献力量。这种跨国界的合作模式不仅促进了技术的融合和创新，也加强了各国之间在创新领域的相互了解和信任。同时，通过参与国际开源项目，科技人才可以提升自己的专业技能，也可以通过交流，提升自己的团队协作能力和创新思维能力。从国家层面来说，国家也能够更好地融入全球创新网络，吸纳国际先进技术和创新理念，提升自身的创新能力和国际竞争力。

同时，开源也对国家的创新政策和知识产权保护提出了新的挑战和要求。一方面，国家需要制定相应的政策来鼓励和支持开源创新，为开源项目提供必要的资金、技术和政策支持。另一方面，也需要在开源的环境中加强知识产权的保护，确保创新者的合法权益得到保障，促进创新的可持续发展。

二、国家开源创新体系案例

（一）NASA：太空探索的开源之路

美国国家航空航天局（NASA）一直是开源软件的积极倡导者和使用者，建立了专门的开源软件目录（code.nasa.gov），公开了大量内部开发的软件项目。这一举措不仅提高了 NASA 的技术透明度，还使得其他研究机构和企业能够利用这些先进技术，加速了航天和相关技术的创新。NASA 的开源软件目录成了科研人员和工程师们分享和利用技术的重要平台。

例如，2003 年，NASA WorldWind 作为开源的地理信息系统，不仅在 NASA 自身的任务中得到了广泛应用，还促进了全球地理空间数据的开发和利用。另外，2015 年，Open MCT 作为任务控制框架，为多个航天任务提供了高度定制化和可扩展性的任务监控解决方案，极大地推动了任务控制技术的进步。

这些开源项目不仅加速了 NASA 内部的技术创新，也促进了全球开发者社区对太空探索技术的贡献。NASA 的这一策略体现了开源在推动科学探索和技术创新中的巨大潜力，这对国家科技创新体系的建设具有重要启示。

（二）DARPA：开源与挑战赛的结合

DARPA（美国国防高级研究计划局）通过开展挑战赛和合作项目，公开研究数据和工具，吸引全球范围内的创新者参与到复杂的技术问题解决中来，推动了各种前沿技术的发展和应用。

- 2004 年，DARPA 举办了首届无人驾驶汽车大挑战赛。虽然这个比赛本身不是开源项目，但它极大地推动了自动驾驶技术的发展，而许多参赛团队后来都开源了他们的部分技术，促进了整个行业的进步。
- 2016 年，DARPA 启动了"开放系统简化"项目，旨在开发开源工具和方法，以简化复杂系统的设计和验证过程。这个项目的成果被广泛应用于软件工程和系统设计领域，提高了软件开发的效率和可靠性。
- DARPA 还支持了多个开源 AI 项目，如 2017 年启动的"可解释人工智能"（XAI）计划。这个项目旨在开发能够解释自己决策过程的AI 系统，其成果被开源后，大大推动了 AI 的可解释性研究，为 AI 在关键领域的应用奠定了基础。

DARPA 这种开源合作模式不仅加速了技术的迭代和优化，也使得技术创新更加开放和透明，有助于解决重大的技术难题，这对国家如何在战略性新兴领域布局提供了有益参考。

（三）CERN：万维网的诞生与开放数据

CERN（欧洲核子研究中心）在开源领域的贡献可以追溯到互联网的诞生。1989 年，CERN 的 Tim Berners-Lee 发明了万维网（World Wide Web），并决定将其作为开源项目发布。这一决定彻底改变了人类获取和分享信息的方式，推动了全球信息化的进程。CERN 的这一举措展示了开源对于推动颠覆性创新的巨大潜力。

CERN 在开源硬件方面也有积极的探索和贡献。例如，2011 年，CERN 发布了开放硬件许可协议（CERN Open Hardware License），鼓励科研界共享硬件设计，从而加速硬件开发的进程。这种开放硬件协议不仅促进了硬件创新，还增强了科学仪器的可用性和互操作性。

在粒子物理研究方面，CERN 通过其开放数据门户公开了大量与大型强子对撞机（LHC）相关的数据和软件。这一举措极大地促进了全球科学家之间的协作。研究人员可以自由访问和分析这些数据，不仅加速了粒子物理学的发展，还推动了大数据处理和分析技术的进步。CERN的实践展示了如何通过开源和开放数据来推动基础科学研究，这对国家基础研究体系的建设具有重要参考意义。

2014年，CERN发起了Zenodo项目，这是一个开放获取的科研数据存储库。Zenodo为研究人员提供了一个分享和保存各种研究成果的平台，包括论文、数据集、软件等。这个项目极大地促进了开放科学的发展，使得科研成果能够更广泛地传播和应用。

这些案例清楚地展示了开源在推动科技创新中的重要作用。它不仅加速了技术的发展和应用，还促进了全球范围内的协作和知识共享。对于国家科技创新体系的建设，这些实践提供了宝贵的启示。

- 开放共享是加速创新的有效途径：通过开源，可以汇集全球智慧，避免重复研究，快速推进技术发展。

- 开源可以促进产学研协同创新：NASA、DARPA和CERN的实践都显示，开源项目可以成为连接学术界、产业界和研究机构的桥梁。

- 开源有助于培养创新人才：参与开源项目可以让研究人员和工程师接触到最前沿的技术，提升自身能力。

- 开源可以推动关键领域的技术突破：DARPA的实践表明，在人工智能等战略性领域，开源可以加速技术进步。

- 开源促进了科研的国际化：CERN的开放数据政策使得更多科学家能够参与到前沿研究中来，推动了国际科研合作。

- 开源有助于建立技术标准和生态系统：NASA的WorldWind和Open MCT都成了各自领域的重要标准，推动了整个行业的发展。

对于中国来说，在建设国家科技创新体系的过程中，应该充分认识到开源的战略意义。我们可以借鉴这些成功经验，在关键技术领域推动开源项目，鼓励科研机构和企业参与国际开源合作，建立开放的科研数据共享平台，培养具有开源思维的创新人才。通过拥抱开源，中国可以更好地融入全球创新网络，加速自身的科技发展，为建设创新型国家做出重要贡献。

第 4 节　开源与国家创新体系治理

一、支持开源创新健康发展的国家治理机制

（一）政策支持与引导机制

国家可以制定针对性或专项性政策，明确对开源创新的支持态度和方向。例如，通过税收优惠、财政补贴等方式，鼓励企业和个人参与开源项目。例如，对于积极贡献开源代码的企业，给予一定比例的税收减免；为开源创新项目提供专项的研发资金支持。

（二）知识产权保护机制

建立健全开源领域的知识产权保护规则，既要保护开源项目参与者的合法权益，也要防止知识产权滥用。明确开源代码的使用、修改和分发规则，确保在尊重开源精神的基础上，合理保护创新成果。比如，设立专门的知识产权仲裁机构，处理与开源相关的纠纷。

（三）教育与培训机制

加强开源技术的教育和培训，培养更多具备开源创新能力的人才。

在高校和职业教育中设置相关课程，举办开源技术的培训和竞赛活动。例如，开展开源编程马拉松比赛，激发学生的创新热情。

（四）技术标准与规范制定机制

制定开源技术的标准和规范，确保不同开源项目之间的兼容性和互操作性。这有助于提高开源技术的应用范围和效率。例如，在云计算、大数据等领域制定统一的开源技术标准。

（五）公共服务与平台建设机制

搭建开源创新的公共服务平台，提供技术咨询、代码托管、项目推广等服务。例如，建立国家级的开源代码托管平台，为开源项目提供稳定可靠的服务。

二、应对开源创新发展风险的国家治理机制

（一）安全漏洞监测与修复机制

建立专门的安全漏洞监测机构，对重要的开源项目进行实时监测。及时发现并公布安全漏洞信息，同时组织相关力量进行修复。例如，成立国家开源安全应急响应中心，对发现的重大安全漏洞迅速响应并提供解决方案。

（二）合规安全管理机制

制定开源创新的合规指南和法律法规，明确企业和个人在开源创新中的法律责任和义务。加强对开源项目的合规审查，确保其符合国家法律法规和政策要求。比如，要求企业在使用开源代码时进行合规性评估，

并定期报告。

(三)供应链安全保障机制

对开源软件在供应链中的应用进行风险评估和管理。建立供应链安全审查制度,确保关键基础设施和重要信息系统中使用的开源软件安全可靠。例如,对涉及国家安全的行业,要求其使用经过安全审查的开源软件。

(四)风险预警与应急处置机制

构建开源创新风险预警体系,及时发布风险预警信息。制定应急处置预案,在发生风险事件时能够迅速采取措施,降低损失。例如,在发现重大安全漏洞时,立即启动应急预案,通知相关用户采取防护措施。

(五)国际合作与交流机制

加强与国际开源社区和其他国家的合作与交流,共同应对开源创新发展中的全球性风险。参与国际开源标准的制定,提升我国在开源领域的话语权和影响力。例如,与国际知名开源组织合作开展安全研究项目,共享风险信息和应对经验。

第5节 美国开源创新体系建设的经验和相关政策

一、美国对整个信息产业的布局和开源设计

美国最新的核心战略设计体现在《先进计算生态系统国家战略计

划》。该计划由美国国家科技委员会的未来先进计算生态系统分委员会提交，主要探讨了如何推进美国未来先进计算生态系统的战略计划。

该计划的目标包括将先进计算生态系统视为一项国家战略资源；建立一个创新、可靠、可验证、可用且可持续的软件和数据生态系统；支持基础、应用和转化研究，以推动先进计算及其应用的未来发展；并培养一个多样化、有能力且灵活的人才体系，以建设并维持先进计算生态系统。

报告进一步阐述了这些目标如何通过一些具体策略来实现，如：通过增强协调机制来联合一系列的能力，以使先进计算系统和服务能够被作为一种国家战略资源来利用；通过现代化遗留代码、开发新软件和工具来支持软件生态系统的发展；通过确保硬件供应链的安全来支持先进计算生态系统的发展；并通过提供访问和创新计算模式的平台来加速创新计算模式的发展。

此外，报告还强调了执行该计划的重要性，并概述了相关机构的职责和协作需求。报告认为，通过各机构的合作和协调，以及公私合作伙伴关系，可以使美国保持其在先进计算领域的领导地位，并使先进计算生态系统能够为美国的科学、技术和经济领导地位提供坚实的基础。

其中开源的重要布局和设计包括以下几点。

- 确保健壮和可持续的软件生态系统，以将技术创新转化为国家科技领导力。该计划支持新型软件开发，并促进开源软件库和软件共享。

- 探索创新型公私合作伙伴关系模式，专注于软件和数据的创新和可持续性，提供开放科学生态系统的基础组件，以增加协作和效率，确保科学结果可重复。

- 继续培育开源软件社区，专注于将软件和软件过程转化为可信的运营实践，并利用开源软件为联邦机构提供支持。

该计划支持开源软件作为现有和未来软件环境的重要组成部分，并强调需要继续培育开源社区，以确保不仅为研究和创新提供不断发展的软件、库、编程环境和工具,也为运营实践提供可持续、健康和可信的环境。

开源软件在软件生态系统中发挥重要且日益增长的作用。

二、美国在人工智能领域的国家战略和布局

美国在 AI 方面的战略布局主要体现在其《国家人工智能研发战略计划》中,该计划在 2023 年进行了更新,以适应人工智能领域的快速发展和新兴挑战,其核心内容包括以下几点。

- 长期投资基础和负责任的人工智能研究:美国强调对下一代人工智能技术的优先投资,以推动负责任的创新发展,并在人工智能领域保持世界领先地位。这包括提升人工智能的基础能力,如感知、表征、学习和推理,以及开发更易使用和更可靠的人工智能。

- 开发有效的人类-人工智能协作方法:深入研究如何创建能有效补充并增强人类能力的人工智能系统,包括人智协作团队的属性和要求,以及人工智能团队协作的效率、有效性和性能的衡量方法。

- 理解并解决人工智能的伦理、法律和社会影响:为理解和降低人工智能带来的伦理、法律和社会风险而采取措施,确保人工智能系统反映正确的价值观并促进公平。

- 确保人工智能系统的安全性:深入了解设计值得信赖、可靠和安全的人工智能系统的方法,包括提高测试、验证人工智能系统的功能和准确性的能力。

- 开发用于人工智能训练和测试的共享公共数据集和环境:开发并启用高质量的数据集和环境,以及测试和培训资源,以促进研究的创新性和公平性。

- 利用标准和基准衡量和评估人工智能系统:根据美国政府的《人

工智能权利法案蓝图》和《人工智能风险管理框架》，为人工智能开发广泛的评估技术，包括技术标准和基准。

- 更好地满足美国人工智能研发人员的需求：改善研发人员的发展环境，加强人工智能人才培养。
- 扩大公私合作伙伴关系，加速人工智能的发展：与学术界、产业界、国际合作伙伴以及其他非联邦实体合作，促进对负责任人工智能研发的持续投资，并将其转化为实用能力。
- 为人工智能研究的国际合作建立有原则的协作方法：优先考虑人工智能研发方面的国际合作，战略性国际伙伴关系将有助于推动人工智能研发，以及人工智能国际准则和标准的制定和实施。

2019年2月11日发布的美国总统行政令《保持美国在人工智能领域的领导地位》主要关注人工智能领域的发展，及其对美国经济、国家安全的潜在影响，并强调美国在AI研究和开发（R&D）方面的全球领导地位。命令中提出了五个主要原则：①推动AI技术突破；②推动制定技术标准并减少使用AI技术的障碍；③培训美国工人使用AI技术；④确保AI技术的公众信任度和保护公民自由、隐私等美国价值观；⑤促进有利于美国AI研究和创新的国际环境。此外，该命令还设定了六个战略目标，包括促进AI研发投资、提供高质量的数据和计算资源、减少使用AI技术的障碍、制定技术标准、培训下一代AI研究人员和用户，以及保护美国在AI技术方面的优势。同时，该命令还强调了数据和计算资源对AI研究和开发的重要性，并要求各机构负责人确保其联邦数据和模型得到充分利用，并改善数据和模型清单文档，以提高其对AI研究和开发的可用性。

三、美国的开源布局的完整性

美国自21世纪伊始就注意到开源对高性能计算等信息技术产业发

展的重要价值,出台一系列政策鼓励开源产业的发展。

2000年,美国总统信息技术顾问委员会发布的《发展开源软件以推动高性能计算发展报告》中就提到政府应鼓励高性能计算领域开源软件的发展。

2004年,美国行政管理和预算局发布了一份名为《OMB Memorandum M-04-08》的备忘录,将"开源软件"明确列为政府软件采购项目。

2016年,美国行政管理和预算局正式发布《联邦源代码政策》,要求相关机构发布源代码,并且各机构需要向公众发布至少20%的源代码。

2016年11月,美国行政管理和预算局推出Code.gov计划,促进《联邦源代码政策》的有效实施。该平台是美国开源软件共享平台,旨在使各机构在采购新软件之前可以查找现有的政府解决方案是否可以满足其需求,从而减少不必要的支出并避免重复采购。

2016和2019年由美国国家科学技术委员会发布的《美国国家人工智能研究和发展战略计划》中均提出要开发开源软件库和工具包,要求政府部门应为开源项目贡献算法或软件。

2021年,美国国会通过并发布的《众议院法案3684-基础设施投资和就业法(公法:117-58)》中提到,截至2026年9月,美国国土安全部将提供1.575亿美元资助用于关键基础设施安全的建设,其中包括开源软件相关的安全测试能力的研究。

2022年,美国国防部发布的《软件开发和开源软件备忘录》中提到国防部在购买专有产品之前优先采用开源软件解决方案。

2022年1月13日,白宫召集了相关政府部门、企业界利益相关者以及主要基金会,讨论提高开源软件安全性的举措。讨论集中在三个主题:防止代码和开源包中的安全缺陷和漏洞,改进发现缺陷和修复缺陷的流程,以及缩短分发和实施修复的响应时间。并于2022年5月举行了后续会议,讨论相关政策和私营部门的解决方案。

小 结

开源已成为推动科研与创新的重要力量,通过打破信息壁垒、降低创新门槛,极大地促进了技术迭代与社会进步。未来,随着全球开源社区的持续扩大和技术环境的不断演进,开源将在更多领域发挥关键作用,推动形成更加开放、协作和高效的创新生态体系。同时,各国政府、企业和科研机构应加大对开源的支持力度,共同构建更加完善的开源创新环境。

第 6 章

开源与数字贸易

　　传统国际贸易以实物商品及服务为主,实物商品有形、独占、排他,需要仓储、物流、海关。软件数据等数字商品无形、可以共享,不受地理空间制约,通过网络传送,展现出与传统实物贸易完全不同的特征。作为共性问题,规则、标准、产业链供应链安全稳定等问题仍然存在,只不过表现形式不一样。第六章深入探讨了开源开放与数字贸易之间的紧密联系及其对全球经济的深远影响。数字经济的快速增长已经重塑了传统贸易模式,而开源技术作为这一变革的催化剂,通过促进技术普及、创新和社区协作,提高了全球贸易规则的公正性和适用性。中国在这一进程中扮演着关键角色,通过积极参与国际规则制定、推动开源技术发展、完善知识产权保护体系,不仅提升了自身在全球技术生态系统中的影响力,也为国际数字贸易规则的制定和完善做出了贡献。

第1节 开源技术与数字贸易

一、数字经济快速增长对全球贸易的重大影响

随着信息技术的迅猛发展,数字经济在全球范围内迅速崛起,成为推动经济增长和社会进步的重要力量。根据中国信息通信研究院《全球数字经济白皮书(2023年)》的数据显示,2022年全球51个主要经济体的数字经济增加值规模达到41.4万亿美元,占GDP比重为46.1%。数字技术改变了传统贸易的模式,通过电子商务平台,跨境贸易变得更加便捷和高效。以跨境电商平台阿里巴巴为例,该平台连接了全球数百万商家和消费者,极大地促进了国际贸易的发展。其次,数字技术推动了贸易新模式与新业态,如数字产品和服务的跨境流通,这些新形态的贸易已经成为全球经济的重要组成部分。

二、数字贸易和传统贸易的比较

表 6-1　数字贸易与传统贸易的区别

特征	传统贸易	数字贸易
交易对象	实物商品(原材料、制成品、半成品等)	实物商品+数据、数字产品和数字服务等无形商品
交易方式	对面谈判、纸质合同、货物运输	电子商务平台交易、数字化流程、电子材料和单据

续表

特征	传统贸易	数字贸易
交易场所	物理市场或实体店	虚拟平台或网络空间
交易流程	复杂且耗时（市场调研、商务谈判、签订合同、货物运输等）	简化流程（快速下单、在线支付、物流配送）
交易效率	较低，受限于物流、通关等环节	较高，实时交易，减少中间环节
交易成本	较高（物流、仓储、关税等多项费用）	大幅降低，包括信息收集成本、交易成本、物流成本等。
交易规模	受地域、物流等因素限制，市场扩张受限	迅速扩大，跨越地域界限实现全球交易

通过比较，可以清晰地看到数字贸易与传统贸易在各个方面的显著差异。数字贸易以其便捷高效、交易对象广泛、交易成本低廉和交易规模可扩展等优势，正在逐步改变全球贸易的格局和趋势。

数字贸易作为一种新兴的贸易方式，虽然具有诸多优势，但也面临着一些挑战。主要挑战包括数据主权与跨境数据流动的限制，各国对数据隐私、网络安全的监管政策不同，导致跨境交易复杂性增加。同时，数字基础设施不平衡，尤其在发展中国家，限制了其全面参与全球数字贸易的能力。此外，网络安全与隐私风险的增加，也对数字贸易的可持续发展构成威胁。

三、数字贸易的主要领域

1. 跨境电子商务：通过线上平台实现实体商品的跨境销售，涵盖B2B、B2C和C2C等多种模式。

2. 数字服务贸易：包括软件即服务（SaaS）、云计算、信息技术外包（ITO）、在线教育、数字金融等通过互联网跨境交付的服务。

3. 数字内容与文化产品：如流媒体、电子书、数字音乐、视频游戏等内容在全球范围内的分发与消费。

4. 虚拟商品和数字资产：包括加密货币、NFT（非同质化代币）、虚拟现实商品和其他虚拟产品的跨境交易。

5. 智能供应链与物流服务：基于大数据、物联网和人工智能优化全球物流和供应链管理，提升效率和降低成本。

数字贸易的主要形式多种多样，涵盖了跨境电子商务、数字服务贸易、数字内容产业等多个领域。随着数字技术的不断发展和应用场景的不断拓展，数字贸易的业态模式还将继续演进和扩展。

四、数字贸易的主要特征

数字贸易是以数据为关键生产要素、数字服务为核心、数据订购与交付为主要特征的贸易形式。它融合了信息技术、互联网、大数据、人工智能等先进技术，实现了贸易活动的全面数字化和智能化。

1. 无形化与数字交付：许多数字产品和服务（如软件、在线课程和数字内容）不依赖于物理交付，通过互联网直接交付，提升了交易的便利性。

2. 全球化与时空跨越：数字贸易打破了地域限制，使得企业和消费者能够在全球范围内进行交易，消除了传统贸易的时空障碍。

3. 平台化与去中介化：通过跨境电商平台和数字服务平台，交易流程变得更加简化，中间环节被削减，降低了交易成本。

4. 数据驱动与精准营销：企业利用大数据和人工智能进行市场分析，实现精准营销和个性化服务，提高了交易效率。

5. 支付与结算的数字化：数字支付工具的广泛应用使得跨境交易更加便捷、安全，降低了交易成本和风险。

6. 监管与合规复杂性：数字贸易涉及各国不同的法律法规，企业需要面对日益复杂的合规要求，特别是在数据保护和隐私方面。

数字贸易的主要特征反映了技术进步和全球化趋势带来的深远影响，不仅推动了全球经济的变革，还对传统贸易模式产生了深远的影响。这些特征使得交易过程更加高效、便捷，同时也带来了新的挑战，尤其是在合规和安全方面。随着技术的持续发展和市场环境的变化，数字贸易将继续演化，成为推动全球经济增长和贸易便利化的重要力量。

五、数字贸易的关键要素

数字贸易作为全球经济的新兴组成部分，其发展依赖于多个关键组成要素的协同作用。这些要素不仅支撑了数字交易的高效运作，还提升了市场的灵活性与透明度。

1. 数字基础设施：高速互联网、云计算平台和数据中心是数字贸易的核心支撑，确保跨境数据和服务的高效传输与存储。

2. 技术创新：人工智能、区块链、物联网、5G 等前沿技术推动了贸易的自动化和智能化，是数字贸易快速发展的关键动力。

3. 数据流动与安全：数据在数字贸易中的作用至关重要，数据流动的自由性和安全性决定了全球数字贸易的效率。数据隐私保护与网络安全成为数字贸易的重要考量。

4. 全球化的政策框架：数字贸易的发展依赖国际协作和政策制定，各国必须协调制定规则，促进数据自由流动并保护消费者利益，国际贸易协定（如 WTO）也在努力推动数字贸易规则的统一化。

5. 数字支付与结算系统：快速、安全、低成本的支付方式（如数字钱包、加密货币、金融科技平台）是数字贸易顺畅进行的核心要素之一。

随着数字经济的快速发展，各要素之间的相互作用愈发显著：数据要素是基础，信息技术是支撑，数字平台是载体，贸易对象是核心，贸易规则与监管是保障。这些要素共同推动了数字贸易的快速发展和创新变革。

六、开源对数字贸易的影响

开源技术在数字贸易的各个关键要素中发挥着重要作用，开源不仅是一种技术选择，更是一种能够推动数字贸易更加开放、高效和创新的模式。它为中小企业参与全球数字贸易提供了机会，也为大企业优化全球业务提供了工具，从而促进了整个数字贸易生态系统的健康发展。

（一）数字平台

开源对数字平台的影响表现在以下几个方面。

1. 降低准入门槛：开源软件显著降低了建立和运营数字平台的成本，使得更多中小企业能够参与数字贸易。

2. 促进创新：开源社区的协作模式加速了新功能的开发和问题的解决，推动平台的持续创新。

3. 提高灵活性：企业可以根据特定需求修改开源软件，更好地适应不同市场和用户群体。

案例：WooCommerce 是一个基于 WordPress 的开源电子商务插件，使小企业能够快速建立在线商店，支持多种支付方式和跨境销售。许多小型出口商通过 WooCommerce 参与全球数字贸易，从而拓展了市场。

（二）数据交换和管理

开源在数据交换和管理中的作用表现在以下几个方面。

1. 促进标准化：开源项目如 Apache Avro 和 Protocol Buffers 推动了数据序列化和交换格式的标准化。

2. 增强数据安全：开源加密库（如 OpenSSL）为跨境数据传输提供

了安全保障。

3. 支持大数据分析：开源大数据工具（如 Hadoop 和 Spark）使企业能够分析全球市场数据，做出更明智的贸易决策。

案例：Apache Cassandra 是一个开源的分布式数据库系统，被许多跨国公司用于管理大规模全球数据。在数字贸易中，它用于存储和处理客户、订单、库存等关键数据，支持全球化的业务运营。

（三）支付系统

开源在数字支付中的影响表现在以下几个方面。

1. 提高安全性：开源密码学项目为支付系统提供了重要的安全基础。

2. 促进创新：开发者可以基于开源项目开发新的支付解决方案，如基于区块链的跨境支付系统。

3. 增强互操作性：开源支付协议推动了不同支付系统间的互操作性。

案例：Ripple 是一个开源的支付协议，致力于简化全球金融交易。它被一些银行和金融机构用于优化跨境支付流程，降低交易成本和时间，从而支持更高效的数字贸易。

（四）物流和供应链管理

开源在物流和供应链管理中的应用表现在以下几个方面。

1. 优化路线规划：开源地图和路由算法（如 OpenStreetMap 和 OSRM）助力智能物流。

2. 提高透明度：开源区块链技术用于追踪货物流通全过程，增加供应链透明度。

3. 促进自动化：开源机器人操作系统（如 ROS）推动仓储和配送自动化。

案例：OpenBoxes 是一个开源的供应链管理系统，专为全球健康供应链设计。它被一些非政府组织和医疗机构用于管理跨境医疗物资的采购、存储和配送，在全球卫生贸易中发挥了重要作用。

（五）数字身份和信任

开源在数字身份和信任建立中的重要性表现在以下几个方面。

1.增强隐私保护：开源加密和匿名技术帮助保护用户隐私。

2.建立去中心化信任机制：开源区块链技术为建立跨境、去中心化的信任机制提供了可能。

3.促进身份互认：开源身份协议推动了不同系统间的身份互认。

案例：Hyperledger Indy 是一个开源项目，旨在提供去中心化的数字身份解决方案。在数字贸易中，它可以用于建立跨境的信任机制，简化贸易伙伴间的身份验证和信用评估过程。

开源技术在数字贸易的各个关键要素中都发挥着至关重要的作用。我国通过推动开源技术发展，积极参与国际开源项目和社区，增强在全球技术生态系统中的影响力。同时，不断完善自身的知识产权保护体系，加强数字经济相关法律法规的制定和实施，为国际规则的制定提供借鉴和支持。

因此，通过积极布局开源技术我国可以在数字贸易中占据主动地位，利用技术优势和市场优势，推动国际数字经济规则的制定和完善，在国际数字贸易规则制定中发挥重要的作用。

第 2 节　开源协议与数字贸易规则

一、全球数字贸易规则制定面临的挑战

数字贸易规则的制定是在传统贸易规则的基础上，为了适应数字经

济迅猛发展而产生的，包含一系列法律法规、政策措施和国际协议。数字贸易规则的制定和实施对于促进贸易自由化、便利化和可持续发展具有重要意义。

然而，数字贸易的快速发展也对现有的贸易规则和监管体系提出了新的挑战，如跨境数据流动、隐私保护、知识产权等问题亟待解决。因此，制定适应数字贸易发展的国际规则成为各国共同面临的课题。

全球数字贸易规则制定存在的主要挑战包括以下几方面。

1. 法律与监管差异：不同国家在数据保护、知识产权和电子商务等方面的法律法规存在差异，使得数字贸易规则的统一面临困难。

2. 缺乏标准化：技术标准的不统一导致跨境交易的互操作性不足，增加了交易的复杂性和成本。

3. 数据安全与隐私：在促进数据流动的同时，如何保障用户的隐私和数据安全是各国在制定数字贸易规则时必须面对的挑战。

数字贸易规则制定对于国家、企业和消费者均产生深远影响，并伴随一系列挑战。各国应加强合作与协商，共同推动全球数字贸易规则的完善与发展。

二、开源协议对数字贸易规则的作用及影响

（一）数字贸易协议与开源协议的共同点

1. 数字化特征推动全球化和开放性

数字贸易协议作为规范全球数字贸易行为的重要法律框架，其特征主要体现在对跨境数据流动、知识产权保护、数字支付以及技术标准的规范上。这些特征不仅反映了数字贸易的复杂性，也揭示了其对技术创新、全球协作和规则透明度的迫切需求。在此背景下，开源协议与数字

贸易规则协议之间的关联关系显得尤为突出。

开源协议，以其开放性、共享性和协作性，为数字贸易提供了强大的技术支持和规则范式。它允许全球开发者自由使用、修改和分发代码，推动了技术创新和知识共享。同时，开源协议的透明性和灵活性也为数字贸易规则的制定提供了有益的借鉴。

因此，数字贸易规则在应对全球化和开放性挑战时，可以借鉴开源协议的共享与协作原则，为国际贸易中的技术合作和标准统一提供基础。

2. 数字基础设施的依赖性

数字贸易离不开强大的数字基础设施，包括服务器、网络、软件平台等，而开源软件广泛应用于这些基础设施之中。开源协议推动了全球范围内的技术共享与合作，降低了数字基础设施的构建成本。因此，数字贸易规则在涉及技术标准和基础设施时，引用开源协议有助于确保这些规则具有广泛的适用性和低成本的实现途径。

（二）数字贸易协议与开源协议的互补

国际贸易规则，尤其是在数字贸易领域，正在逐步通过多边和区域性协议来形成统一的标准。例如，《全面与进步跨太平洋伙伴关系协定》（CPTPP）和《数字经济伙伴关系协定》（DEPA）等协议都在试图规范跨境数据流动、知识产权保护和数字支付等方面的问题。开源协议在这一过程中发挥了重要的作用。

1. 国际贸易协议与开源协议的结合

开源协议提供了一种新型的知识产权管理方式，与传统的封闭式商业软件模式形成对比。国际协议在规范数字贸易中的知识产权保护时，越来越多地考虑到开源协议的作用。例如，多个国际贸易协议开始包含条款，鼓励企业和开发者采用开源技术，以便加速创新和技术的普及。

因此，国际数字贸易协议在制定过程中，往往需要引用开源协议来平衡知识产权保护与技术共享之间的关系。

2. 开源协议支持国际协作和互操作性

国际数字贸易协议需要解决各国间的技术互操作性问题，确保不同国家和区域的系统和平台能够无缝连接。开源协议促进了全球范围内的技术标准化和互操作性。举例来说，许多全球性的软件和平台（如Linux、Kubernetes等）都是基于开源协议开发的，它们构成了数字贸易中广泛使用的基础设施。因此，国际数字贸易规则在涉及互操作性和标准化时，引用开源协议是必然选择，这可以确保各国能够更快、更有效地采用全球统一的技术标准。

（三）开源协议对数字贸易规则制定的促进作用

开源协议为数字贸易规则的制定提供了新的规则范式，尤其是在开放性、创新性和可持续性方面。

1. 开源协议提供了灵活性和适应性

数字贸易规则需要具备足够的灵活性，以应对快速发展的技术环境。开源协议本身具有高度的灵活性，不仅允许技术的自由使用和修改，还促进了不同社区和企业的协作与创新。这种灵活性对于数字贸易规则的制定具有重要的借鉴意义。因此，数字贸易规则在技术发展、跨境数据流动等领域，可以引用开源协议的灵活模式，促进创新和规则的可持续性。

2. 开源协议提升规则透明度与信任机制

数字贸易规则需要确保跨境交易的透明度和信任，尤其是在数据安全和隐私保护方面。开源协议由于其代码的开放性，使得任何人都可以查看和审计，这种透明机制为国际数字贸易中的信任建立提供了强有力的支持。因此，数字贸易规则在涉及数据安全、隐私和跨境信任机制时，引用开源协议的透明原则,有助于提高规则的公信力和有效性。

通过引用开源协议的原则和机制,全球数字贸易规则可以更好地应对技术变化、促进跨国协作,并提升贸易体系的整体效率和公平性。因此,开源协议不仅是技术层面的基础工具,更是数字贸易规则制定过程中不可或缺的参考标准。

第3节 开源合作与企业全球化

一、开源合作提升企业全球竞争力

在全球经济深度融合和数字技术快速发展背景下,开源开放已经成为我国企业全球化战略的重要核心之一。开源开放不仅是一种技术实践,更是一种新的国际合作模式,通过开放源码、共享技术和社区协作,推动全球范围内的技术创新。开源开放的最大优势在于其开放性和包容性。通过开源技术,任何国家和企业都可以自由地使用、修改和分发软件,从而极大地降低了技术壁垒和进入门槛。对于我国而言,开源开放为企业参与全球市场竞争提供了强有力的支持,有助于提升我国技术的国际影响力和全球竞争力。

二、开源合作推进技术生态导向的贸易模式

传统的国际贸易模式主要体现为商品和服务的交换,忽视了商品和服务所依附的技术和生态系统的建设。在数字经济时代,以整体生态系统为导向的国际贸易模式变得尤为重要。这种贸易模式不仅关注产品本

身，还包括相应的技术标准、平台服务、社区运营和知识共享等，形成一个完整的技术和经济生态。

以整体生态系统为导向的国际贸易模式能够为合作伙伴提供全面的技术支持和服务，增强其在全球市场中的竞争力。例如，我国企业通过开源技术和平台服务，可以帮助其他国家构建本地化的技术生态系统，提升其数字化水平和经济发展能力。这种合作不仅有利于技术的传播和应用，也促进了各国在数字经济领域的互联互通和共同发展。

三、开源国际合作路径选择

通过开源开放与"一带一路"共建国家合作，我国可以探索出一条新的全球化路径，具体包括以下几个方面。

1. **技术共享与合作开发**：通过开源项目，我国企业可以与其他国家的企业和机构共同开发和共享技术。不仅可以加速技术创新，还能降低研发成本，推动技术的广泛应用。

2. **建立本地化开源社区**：支持其他国家建立本地化的开源社区，培养本地技术人才，增强其自主创新能力。开源社区的协作模式可以促进知识和经验的交流，提升整体技术水平。

3. **提供开源技术培训**：通过提供开源技术培训，我国可以帮助其他国家的技术人员掌握最新的开源技术，提升其技术应用和创新能力。这种培训不仅有助于技术的传播，还能增强合作伙伴的技术自主性。

4. **支持开源基础设施建设**：通过开源技术支持其他国家的数字基础设施建设，帮助其构建稳定、安全和高效的技术平台。这样的支持可以提高合作伙伴的技术水平，增强其在全球市场中的竞争力。

总之，以开源为导向，构建开源开放的数字经济价值链、服务链和创新链，加快数字公共基础设施建设，面向全球提供优质的数字公共产品，可以极大提升我国数字经济产业发展优势，增强我国数字经济全球治理能力。

第4节 开源开放与制度型开放

一、制度型开放与数字经济发展

制度型开放，是指通过制度、政策和法律法规的调整和创新，促进市场开放和国际经济合作。它不仅关注市场准入和贸易便利化，更强调制度体系的透明、公平和可预见性。制度型开放的核心在于通过系统化的改革，打造一个更加开放、包容和高效的经济环境，以增强国家在全球经济中的竞争力。

在数字经济时代，制度型开放的重要性愈加突出。数字经济涉及多个层面的规则制定和协调，包括数据流通、知识产权保护、网络安全和跨境支付等。通过制度型开放，各国可以建立统一、透明的规则体系，促进跨国合作和技术创新，推动数字经济的健康发展。

二、制度型开放促进数字贸易发展

制度型开放对数字贸易发展具有深远的影响。首先，通过建立和完善数字贸易规则，制度型开放可以提高贸易透明度，减少贸易摩擦和不确定性。明确的数据流通和知识产权保护规则，有助于增强企业信心，促进跨境电商和数字服务的增长。

其次，制度型开放有助于推动数字技术的普及和应用。通过开放市场准入，降低技术壁垒，各国可以更加高效地引进先进技术，提升自身的数字经济竞争力。同时，制度型开放还可以促进国际技术合作和标准互认，推动数字经济的全球化发展。

最后，制度型开放在保障网络安全和用户隐私方面也起到了重要作用。通过建立严格的安全控制和隐私保护措施，各国可以有效防范网络安全风险，维护国家安全和社会稳定，保障数字经济的可持续发展。

三、国际高标准数字贸易规则

全面与进步跨太平洋伙伴关系协定（CPTPP）和数字经济伙伴关系协定（DEPA）是当前国际高标准经贸规则的重要代表。不仅涵盖了传统的贸易投资规则，还对数字经济和数字贸易提出了具体要求。

CPTPP在数字贸易方面的规则包括数据流通、电子商务、知识产权保护、跨境服务和投资保护等。特别强调数据跨境流动的自由化和限制数据本地化要求，以促进数字贸易的便利化。同时，CPTPP还注重知识产权的保护，确保数字产品和服务的创新和安全。

DEPA是第一个专门针对数字经济的国际经贸协定，涵盖了数字身份、跨境数据流动、数字支付、人工智能和数字创新等多个方面。DEPA旨在建立一个透明、开放和包容的数字经济环境，促进各国在数字领域的合作和互信。

为对接CPTPP和DEPA等高标准经贸规则，我国需要在以下几个方面进行政策和制度调整。

1. 数据流通与隐私保护：完善跨境数据流动的法律法规，确保数据流通的安全和隐私保护。我国可以借鉴CPTPP和DEPA的相关规定，制定明确的数据流通政策，推动数据跨境流动的自由化。

2. 知识产权保护：加强知识产权保护，特别是在数字产品和服务领域。通过完善知识产权法律体系，提高知识产权保护的透明度和执法力度，确保数字创新的合法权益。

3. 市场准入与投资保护：降低市场准入门槛，优化外商投资环境。制定明确、公平的市场准入规则，确保外资企业在我国市场享有公平竞争的机会。

4. 网络安全与技术标准：建立健全网络安全法律法规，确保数字经济的安全运行。同时，加强技术标准的国际化合作，推动技术标准的互认和统一。

四、以开源开放为突破口推进制度型开放

开源开放作为一种创新模式，可以有效推动制度型开放。通过开源项目，我国可以在以下几个方面对接国际高标准经贸规则。

1. 推动开源项目国际合作：鼓励国内企业和机构参与国际开源项目，提升技术水平和国际竞争力。通过与国际开源社区的合作，我国可以引进和吸收先进技术，推动国内技术创新。

2. 建立开源技术标准：制定和推广开源技术标准，推动技术标准的国际化和互认。通过开源标准的普及和应用，我国可以在国际技术规则制定中发挥更大作用，提升话语权。

3. 加强开源社区建设：支持和发展国内开源社区，推动开源文化的传播和应用。通过开源社区的协作和创新，我国可以培养一批高素质的技术人才，提升技术创新能力。

4. 完善开源法律法规：制定和完善与开源相关的法律法规，确保开源项目的合法性和安全性。通过明确的法律保障，我国可以为开源技术的应用和推广提供有力支持。

小　结

开源不仅加速了技术的创新和应用，还促进了国际技术合作和标准互认，为构建开放、包容和高效的经济环境提供了支持。随着全球化合作的深入，开源将成为推动数字贸易规则制定和国际治理的重要力量。中国应继续利用开源开放的优势，推动制度型开放，参与国际高标准数字贸易规则的制定，加强网络安全和知识产权保护，以此增强企业的全球竞争力和数字经济的全球治理能力。通过这些措施，中国将能够更好地融入全球创新网络，促进经济的高质量发展，并在新一轮科技革命和产业变革中占据有利地位。

第 7 章

开源创新国际合作

从开源创新实践看,开源面对诸多挑战,如安全性、可持续性、法律及许可证合规等,软件的分裂、政治化、武器化等技术民族主义等。数字主权、数字治理体系、数字世界制度安排、数字供应链安全稳定、数字世界规则、数字政治文明等都是关系人类社会未来命运的重大现实问题。以上问题超出了物理世界现有理论框架及认知,需要做好理论准备、政策准备、人才准备,加强开源创新国际合作十分急迫。第七章探讨了开源创新与国际合作之间的关系,通过多个开源基金会案例分析了开源基金会的兴起及其对全球开源生态的影响。开源基金会不断演进其组织形式和治理结构,如自由软件基金会(FSF)的法律支持、Apache 软件基金会(ASF)的社区治理模式、Linux 基金会(LF)的伞形基金会结构等,以适应技术发展和社区需求。它们提供资金、法律、技术、社区建设和国际合作等多方面支持,促进了开源项目的创新、成长和普及。

第 1 节　开源基金会的兴起

20 世纪 80 年代末、90 年代初，自由软件运动蓬勃发展，以 GNU/Linux 操作系统为代表的开源软件项目取得了巨大成功。然而，随着开源软件的普及和应用，开源项目的管理和维护也面临着越来越多的挑战。为了更好地支持和促进开源软件的发展，开源基金会应运而生，成为推动开源运动从小众走向主流的中坚力量。

让我们通过一系列案例，探讨开源基金会的兴起及其影响。

一、自由软件基金会的先驱之路

自由软件基金会（Free Software Foundation，FSF）于 1985 年由理查德·斯托曼（Richard Stallman）创立，是推动自由软件运动的先驱组织。Stallman 因其在 GNU 项目和 GPL 许可证方面的工作而闻名。GNU 项目的目标是创建一个完全自由的软件操作系统，而 GPL 许可证则确保了软件自由分发和修改的权利。这两个项目为开源运动奠定了法律和哲学基础，推动了自由软件的广泛采用。

FSF 通过提供法律支持和倡导自由软件理念，保护了开源社区的利益。FSF 不仅影响了无数开发者，也推动了许多商业软件公司采用开源模式，从而加速了开源软件在全球的传播和应用。

二、开源促进会的开源定义和开源许可证认证

开源促进会(Open Source Initiative,OSI)成立于1998年,由布鲁斯·佩伦斯(Bruce Perens)和埃里克·雷蒙德(Eric Raymond)创立,旨在推广和保护开源软件。OSI的核心贡献在于定义了开源软件的标准,并制定了开放源码许可证的认证流程。通过这一过程,OSI确保了开源许可证的合法性和一致性,使企业和开发者能够明确理解和采用开源软件。

OSI的开放源码定义(Open Source Definition,OSD)规定了开源软件必须满足的十项准则,这些准则确保了软件的自由使用、修改和分发。OSI的认证机制帮助开源软件在全球范围内获得了认可和信任,推动了开源运动的迅速发展。

三、Apache软件基金会的崛起

Apache软件基金会(Apache Software Foundation,ASF)成立于1999年,以其社区驱动的"Apache Way"治理模式,成功孵化了Apache HTTP服务器等众多有影响力的开源项目,成为开源社区的重要支柱。ASF采用了精英治理制度选拔和管理贡献者,强调开放、透明和共识驱动的治理结构。

目前,ASF拥有290多个顶级项目,如Apache Hadoop、Apache Spark和Apache Kafka在大数据和云计算领域具有重要影响。涵盖大数据、云计算、人工智能等多个领域。2023财年,ASF的收入达到约235万美元,拥有746个会员。[①]ASF的成功为后续众多开源基金会提供了范例,其治理模式被广泛借鉴。

---

① ASF 2023 财年年度报告(https://apache.org/foundation/docs/FY2023AnnualReport.pdf)

四、Linux 基金会开启开源的新时代

Linux 基金会（Linux Foundation）成立于 2000 年，其前身是开放源代码开发实验室（Open Source Development Labs，OSDL）。Linux 基金会（Linux Foundation，LF）成立于 2000 年，最初是为了支持 Linux 内核的发展。随着开源生态的迅速扩展，Linux 基金会逐渐发展成一个伞形基金会组织，通过成立子基金会来支持垂直领域的开源技术和项目发展。LF 这种伞形结构不仅为开源项目提供了全方位的支持，包括法律、财务、社区治理等，还促进了不同领域之间的交叉合作和资源共享。例如，LF 支持的子基金会包括云原生计算基金会（CNCF）、开放源代码安全基金会（OpenSSF）等，这些子基金会分别专注于云计算、安全性等垂直领域，形成了庞大的开源生态。LF 的伞形结构为开源运动的全球化、专业化发展提供了有力支持。

截至 2023 年，Linux 基金会已有超过 1000 个项目（大约 17 亿行代码），年收入超过 2.6 亿美元，拥有 1,709 个会员。[①]Linux 基金会的模式极大地扩展了开源生态系统的范围和影响力，其作用已经远远超出了仅仅关注 Linux 的范畴；它现在作为促进开源软件和项目增长和发展的中心枢纽，成为目前全球最具影响力的开源基金会。

五、Eclipse 基金会的演变

Eclipse 基金会成立于 2004 年，由 IBM 主导，最初是为了管理 Eclipse 集成开发环境（IDE）。随着时间的推移，Eclipse 基金会扩展了

---

① Linux 基金会 2023 年度报告（https://www.linuxfoundation.org/hubfs/Reports/lf_annualreport23_071024a.pdf?hsLang=en）

其项目范围，涵盖了物联网、汽车、地理空间等多个领域。Eclipse 基金会的项目如 Eclipse IoT 和 Eclipse Che 在物联网和云原生开发工具方面取得了显著进展，推动了相关领域的技术创新和开源社区的发展。Eclipse 基金会的成功在于其严格的知识产权管理和高效的贡献流程，确保了项目的法律合规性和技术质量。

2021 年，Eclipse 基金会将总部迁至欧洲，反映了开源运动的全球化趋势。目前，Eclipse 基金会管理着 419 个项目（大约 4.95 亿行代码），年收入约 1130 万欧元，会员数量达到 368 个。[①]Eclipse 基金会的演变展示了开源基金会如何通过战略调整来适应技术变革。

六、中国开源软件推进联盟简介

中国开源软件推进联盟（China OSS Promotion Union，COPU，以下简称"联盟"）是在政府主管部门指导下，由致力于开源软件文化、技术、产业、教学、应用、支撑的企业、社区、客户、大专院校、科研院所、行业协会、支撑机构等组织自愿组成的、民主议事的民间行业联合体，非独立社团法人组织。在 2004 年 7 月 22 日于北京成立。联盟的宗旨是为推动中国开源软件（Linux/OSS）的发展和应用而努力；为促进中日韩以及中国与全球关于开源运动（Linux/OSS）的沟通、交流与合作而努力；为促进全球开源运动（Linux/OSS）做出贡献而努力。联盟的作用是为推动 Linux/OSS 的发展，充分发挥联盟在政府与企业之间有关立法、政策、规划和环境建设方面的桥梁、纽带与促进作用；充分发挥联盟在企业与用户、企业与企业、企业与社区、中外企业 / 社区间、企业与科研、

---

① Eclipse 基金会 2023 年度报告（https://www.eclipse.org/org/foundation/reports/annual_report.php）

教育、支撑机构之间关于研发、生产、教育、培训、测试、认证、标准化、应用等方面沟通、交流、合作、推进的桥梁、纽带与促进作用。

七、RISC-V 国际基金会的全球合作

RISC-V 基金会最初于 2015 年在美国特拉华州成立，致力于推广 RISC-V 指令集架构（ISA）。作为一个开放标准，RISC-V 允许任何人设计、制造和销售基于该标准的芯片。RISC-V 基金会通过全球合作，推动了这一开源硬件标准的广泛采用，促进了半导体行业的创新和竞争。RISC-V 基金会的成员包括全球领先的半导体公司和研究机构，通过共同开发和推广 RISC-V 技术，提升了开源硬件的市场竞争力和技术影响力。

2018 年 11 月，基金会宣布计划将法人实体迁移到瑞士，并于 2020 年正式完成迁移，更名为"RISC-V 国际基金会"，总部设在瑞士日内瓦。

迁移的主要原因包括以下几种。

（一）保持政治中立性，避免被视为受某个特定国家影响。

（二）强调 RISC-V 是真正的全球性开放标准，促进全球合作。

（三）规避潜在的地缘政治风险，特别是在中美贸易关系紧张的背景下。

（四）响应国际会员的需求，他们更倾向于在中立国家运营的基金会。

（五）利用瑞士强大的知识产权保护法律。

这一举措进一步强化了 RISC-V 的国际地位，有助于吸引更多全球合作伙伴，并在不同地区推广 RISC-V 架构。

八、欧盟开放论坛的政策倡导

欧盟开放论坛（Open Forum Europe，OFE）成立于 2006 年，是一

个倡导开放标准、开源软件和开放创新的政策组织,旨在推动欧盟在开源软件领域的政策制定和实施。OFE 通过政策研究、倡导和游说活动,为欧盟的开源软件发展提供了有力支持。OFE 不仅关注开源软件的技术问题,还积极参与政策制定过程,推动欧盟政府采取有利于开源软件发展的政策措施。OFE 的政策倡导工作展示了开源软件运动在政治层面的重要性和影响力。通过政策倡导和资源支持,欧盟开放论坛促进了开源软件在公共部门和私营企业中的应用。该组织还致力于提升欧盟在全球开源社区中的领导地位,推动制定开放标准,提升不同系统的互操作性。

欧盟开放论坛通过项目如 EU-FOSSA(Free and Open Source Software Auditing)推动了开源软件的安全性和可信性,增强了开源技术在欧洲的应用和发展。

九、开放原子开源基金会的治理探索

2020 年成立的开放原子开源基金会(OpenAtom Open Source Foundation,OAF)是中国政府支持下的开源组织。该基金会采用"政府引导、企业主导、社区运营"的模式,旨在打造中国特色的开源生态系统。开放原子开源基金会的治理模式具有独特的中国特色,既借鉴了国际开源基金会的成功经验,又结合了中国国情进行了创新。开放原子开源基金会的成立标志着中国政府在开源治理方面的积极探索和尝试,为中国开源软件的发展注入了新的活力。

通过以上案例,我们可以总结出开源基金会兴起的几个关键特点。

(一)背景:开源基金会的兴起源于软件行业对更加开放、协作开发模式的需求,以及对专业化、规范化管理开源项目的迫切要求。

(二)原因:基金会模式能够为开源项目提供稳定的组织和资金支

持,促进社区治理,保护知识产权,同时也能够更好地协调各方利益,推动开源生态的健康发展。

(三)特点:开源基金会普遍采用非营利模式,注重社区建设,强调透明度和包容性。不同基金会根据其重点关注或聚焦领域和文化背景,采用了多样化的治理模式。从早期的单一项目支持,到后来的多项目管理,再到伞形结构的生态构建,开源基金会的组织形式不断演进。

(四)影响:开源基金会极大推动了开源软件的发展和应用,影响范围从软件扩展到硬件、标准制定等领域。开源基金会也成为连接开发者、企业和政府的重要桥梁,推动了开源理念在更广泛领域的传播和实践。

开源基金会的发展历程反映了开源运动从边缘走向主流的过程。它们不仅推动了技术创新,也促进了协作文化的形成,对软件行业乃至整个IT产业都产生了深远影响。随着开源在各行各业的深入应用,开源基金会的角色和影响力还将进一步提升。未来,开源基金会将继续面临平衡开源精神与商业利益、应对不同国家政策环境、促进全球开源协作等挑战,其持续创新和适应性将继续塑造开源运动的未来发展方向。

第2节 开源基金会的治理模式特点

开源基金会的治理模式反映了开源生态系统的多样性和复杂性。通过分析和比较不同基金会的治理方式,我们可以深入了解开源组织的独特运作机制及其演变趋势。

开源基金会的治理模式通常可以分为以下4种。

一、精英治理模式

Apache 软件基金会（ASF）是这种模式的典型代表。ASF 采用"精英管理"（Meritocracy）制度，项目管理权力由对项目做出重要贡献的个人掌握。这种模式强调技术能力和实际贡献，有利于保持技术导向和高质量标准。然而，这种模式也可能导致决策过程相对封闭，对新人不够友好。

二、会员制治理模式

Linux 基金会采用的是会员制治理模式。基金会通过不同级别的会员资格（如白金会员、金牌会员等）来吸引企业参与。会员可以参与基金会的决策过程，影响力通常与其会员级别相关。这种模式有利于吸引企业资源，推动开源项目的商业化应用，但也可能导致大企业对基金会决策的过度影响。

三、社区主导模式

Eclipse 基金会采用的是一种混合模式，结合了会员制和社区参与。Eclipse 基金会有一个开放的治理结构，包括董事会、执行董事、各种委员会和工作组。社区成员可以通过多种方式参与决策，如加入工作组、参与项目管理委员会等。Eclipse 基金会强调开放治理，项目决策由社区成员共同参与。这种模式能够平衡商业利益和社区利益，但决策过程可能相对复杂和缓慢。

四、标准主导模式

开放源代码促进会（Open Source Initiative，OSI）采用了一种独特的标准主导模式。OSI 的主要职责是定义和维护开源的定义，审核和批准开源许可证。

OSI 的治理结构包括董事会和多个工作组。董事会成员通过选举产生，任期固定。OSI 的工作重点是维护开源定义的标准，而不是直接管理具体的开源项目。

各种开源基金会的治理模式各具特色，适应于不同类型和规模的开源项目和社区。精英治理模式强调技术领导和一致性，会员制模式强调广泛的社区参与和资源投入，社区主导模式强调民主和开放的决策过程，而标准主导模式则强调开放的标准制定和认证。这些模式的选择和实施，直接影响着开源项目的发展方向、社区参与度和技术创新能力，共同推动了开源技术在全球范围内的应用和发展。

另外，开源基金会的治理模式越来越关注如何平衡不同利益相关者的需求，包括个人贡献者、企业会员、终端用户等多方面的利益。透明度和包容性正成为越来越多基金会关注的重点。即使是采用精英治理模式的基金会，也在努力提高决策过程的透明度和社区参与度。随着开源项目的规模和复杂性增加，治理模式也在不断细化和专业化。一些大型基金会开始采用多层次的治理结构，以更好地管理不同类型和规模的项目。

未来，我们可能会看到更多创新的治理模式出现，以应对开源世界的新挑战。同时，如何在推动技术创新、吸引资源、维护社区活力之间找到平衡，将是开源基金会面临的持续挑战。

第 3 节 开源基金会提供的主要服务

开源基金会在全球范围内扮演着关键的角色，不仅推动了开源软件和技术的发展，还提供了多样化的服务，支持开源社区和项目的成长和持续创新。尽管不同的开源基金会在具体服务上可能有所不同，但它们通常提供以下几类核心服务。

一、资金支持与赞助

开源基金会通过提供资金支持和赞助，帮助开源项目和社区获取必要的资源。这些资金可以用于开发新功能、维护现有代码、改善安全性和性能，以及支持社区活动和会议的举办。例如，Linux Foundation 就通过其赞助计划支持了许多重要的开源项目，如 Linux 内核和 Kubernetes，促进了它们的持续发展和创新。

二、法律与知识产权支持

在开源软件开发过程中，法律和知识产权问题常常是开发者面临的重要挑战。开源基金会通过提供法律咨询和知识产权保护服务，帮助开源项目管理和解决这些问题。例如，Apache 软件基金会提供了开源软件许可证的评估和建议，确保项目遵守适当的开源许可条款，保护开发者和用户的权利。Linux 基金会的开放创新网络（OIN）建立了一个大型专利池，保护 Linux 和其他开源项目免受专利诉讼的威胁。

三、技术基础设施支持

开源基金会维护和支持关键的技术基础设施，如代码托管平台和软件包管理器，为开发者提供稳定和可靠的开发环境。LFX 是 Linux Foundation 提供的技术基础设施平台，包括代码托管、项目管理工具和开发者资源。LFX 提供了一个全面的工具集，支持开源项目的协作和管理。Apache 基金会的基础设施也为其项目提供了可靠的技术支持。开放原子提供了面向开源软件开发的全栈集成服务，包括源代码管理、自动化构建和持续集成等功能。AtomGit 的服务帮助开源项目提高开发效率和代码质量。

（一）社区活动与培训

开源基金会通过组织和赞助开源社区的活动、会议和培训课程，促进了开发者之间的知识共享和技能提升。这些活动不仅加强了开源社区的凝聚力和互动性，还培养了新一代开源领导者和贡献者。例如，Eclipse Foundation 通过其 EclipseCon 大会和各种培训项目，支持了 Eclipse 开源项目社区的成长和全球开发者的技能发展。

（二）标准制定与推广

开源基金会在制定和推广开放标准方面发挥了重要作用，确保开源软件和技术的互操作性和可持续性。例如，OpenJS Foundation 通过推广 JavaScript 和 Node.js 的标准化，促进了这些技术在全球范围内的广泛应用和发展。

（三）国际合作与战略伙伴关系

为了促进全球开源社区的发展和项目的国际合作，开源基金会积极建立和维护国际合作关系和战略伙伴关系。这些伙伴关系不仅为开源项目提供了更广泛的资源和支持，还加强了全球开源治理的协调和互动。例如，Linux Foundation 与各大科技公司合作，推动了开源技术在全球范围内的应用和发展。

开源基金会的主要服务是多方面的，旨在为开源项目提供必要的资源和支持，以促进其发展和成功。从资金和法律支持到技术基础设施、社区建设、标准制定以及国际合作，这些服务共同构成了开源基金会的核心价值和贡献。随着开源运动的不断发展，基金会的服务也在不断演进，以满足日益增长的社区需求和技术挑战。

第 4 节　开源基金会发展的趋势

一、全球化合作机遇

随着全球化和技术进步的推动，开源基金会在推广和发展开源软件和技术方面扮演着越来越重要的角色，全球化为开源基金会带来了前所未有的合作机遇。

一是技术普及与标准化需求。随着开源软件在全球范围内的广泛应用，不同国家和地区的企业和开发者都希望能够通过开源技术来降低开发成本、提高软件质量和安全性。全球化合作可以促进开源软件的标准化和统一，使得不同地区的企业能够更方便地在全球市场上竞争。

二是技术创新和共享精神。开源文化强调共享和协作，通过全球化合作，不同国家和地区的开发者可以共同参与到全球性的技术创新中来。开源基金会作为平台和组织者，能够促进全球范围内的技术共享和交流，加速技术进步。

三是法律和政策环境的变化。随着全球化的深入，法律和政策对跨国合作和知识产权保护的要求也在逐渐趋同。开源基金会可以通过推动开源许可证的国际化认可和标准化，帮助开源项目在全球范围内合法运作，并降低法律风险。

四是市场需求和全球化竞争。全球化合作能够帮助开源基金会更好地响应全球市场的需求和竞争挑战。通过在全球范围内建立合作伙伴关系和项目联盟，开源基金会能够扩大项目的影响力和资源共享，提高项目的可持续性和发展潜力。

未来，开源基金会将更加注重全球化合作机遇的挖掘与利用。一方面，基金会将积极拓展国际合作伙伴，通过举办国际开源大会、研讨会等活动，加强与国际开源社区的交流与互动；另一方面，基金会将推动开源项目的国际化，鼓励全球范围内的开发者共同参与开源项目的开发、维护和推广。

二、面临的挑战和应对的方法

尽管全球化合作带来了诸多机遇，开源基金会在推动全球开源技术发展的过程中也面临着一些挑战，需要通过有效的策略和方法来应对。

（一）法律和知识产权的复杂性挑战

不同国家和地区的法律环境和知识产权保护政策存在差异，开源项目在全球化发展过程中可能面临知识产权纠纷和法律诉讼的风险。开源基金会可以建立专业的法律团队，制定全面的知识产权战略和风险管理机制。与国际组织和政府部门合作，推动开源许可证的国际认可和统一标准，确保项目的合法性和可持续发展。

（二）社区治理和可持续性挑战

开源项目的成功依赖于活跃的社区参与和有效的治理模式。全球化合作可能增加社区治理的复杂性和沟通难度，导致决策效率和项目可持续性的挑战。开源基金会可以通过优化社区治理结构，强化透明度和参与度，培养多样化的社区领导人才，建立有效的沟通和决策机制。定期组织全球性的社区活动和培训，增强社区成员的凝聚力和共识，确保项目的长期健康发展。

（三）技术发展和新兴领域的应对

新兴技术领域如人工智能、区块链和边缘计算的迅猛发展，对开源基金会提出了新的技术标准和应用需求，需要快速响应和适应。开源基金会可以通过设立专门的技术工作组和研发项目，启动针对新兴技术领域的开源项目，推动相关技术标准的制定和推广。与行业领先企业和研究机构建立战略合作伙伴关系，共同推动技术创新和应用落地，为全球技术进步做出贡献。

未来，开源基金会将继续面临全球化合作的机遇和挑战。在全球化合作的趋势下，开源基金会需要加强国际合作和战略伙伴关系，促进开源技术的全球化发展；同时，也需要应对法律、文化、项目治理等方面的挑战，提高组织的国际化水平，推动开源项目的可持续发展。这些努力将为开源基金会带来更加广阔的发展前景和更为深远的影响。

第5节　世界开源大会

开源是一场伟大的社会创新实践，不仅将重构所有产业，还将深刻改变人们的思想、观念、文化、价值观，其对人类社会的影响远超工业革命。从开源创新实践看，开源面对诸多挑战，如安全性、可持续性、法律及许可证合规等挑战。软件的分裂、政治化、武器化等技术民族主义等。数字主权、数字治理体系、数字世界制度安排、数字供应链安全稳定、数字世界规则、数字政治文明等都是关系人类社会未来命运的重大现实问题。我们还要看到，物理世界旧思维观念、制度设计也在试图左右数字世界社会创新进程，如软件的分裂、政治化、武器化等，技术民族主义也可能会破坏开源精神，从而对全人类开源协作框架和共享知识库产生负面影响。在缺乏开源创新理论指导、政策及人才准备不足的背景下，如何规避物理世界不合理国际政治经济规则的影响，是所有开源人士必须面对的课题。因此，加强开源创新国际合作，就关系人类社会未来命运的重大现实问题进行研讨，具有十分重要的历史意义。

为应对这一挑战，开源社会组织领袖认为需要有所行动。2023年7月，第一届世界开源大会（Open Source Congress，OSC）在瑞士日内瓦召开，来自全球37个组织的53位开源领袖与会，就开源软件所面临的挑战进行研讨。

大会选择日内瓦作为举办地极具象征意义。日内瓦是一个中立的场所，《日内瓦公约》诞生于此，是主权国家领导人经常聚集并制定指导国际关系规则的地方，世界各国在这里解决分歧、寻求共同点，对增进人类福祉作出政治承诺。也正是基于这种精神，大会要求与会者必须超越地区分歧、意识形态差异和地缘政治。大会发布了《2023开源大会报告——携手应对共同挑战》。

与会者普遍认为，开源是一种超越国界的集体利益，依赖于国际合作和有效的生态系统治理。大会认为，开源社会组织在支持开源项目、连接开源人才和开源社区方面，发挥着关键作用。世界各开源社会组织应加强合作，团结一致应对共同的挑战。开源领导者现在面临的挑战在于制定相互承诺和行动计划，以确保开源履行的基本原则：公开性、包容性和社区驱动发展。

更具体地说，日内瓦大会与会者的任务是实现以下目标：

- 探讨和讨论开源社区面临的关键挑战
- 探索增强基金会间合作的途径，包括维护共同价值观的机制和应对共同挑战的策略
- 建立新的渠道以进行后续讨论，并保持日内瓦达成的任何协议所需支持行动的势头

第二届世界开源大会（OSC）于 2024 年 8 月 25 日–26 日在北京举行，Linux 基金会、Eclipse 基金会、开放原子开源基金会、开放源代码促进会（OSI）、开源基础设施基金会（OIF）、开放发明网络（OIN）、Rust 基金会、开放原子开源基金会（OpenAtom）、上海开源信息技术协会（ShOpen）等 24 个开源组织参加会议。本次会议围绕开源人工智能、开源安全、开源组织合作、OSC 的未来发展等关键议题，讨论了全球开源领域面临的共同挑战，探索了如何促进全球开源开放合作，有效推动了全球开源组织间的交流合作。本次会议由开放原子开源基金会承办。

第三届世界开源大会由 Eclipse 基金会承办，于 2025 年 9 月在比利时布鲁塞尔举行。

小　结

开源基金会的兴起和发展标志着开源运动从边缘到主流的转变，它们在全球技术生态系统中扮演着至关重要的角色。随着技术的不断进步和全球化的深入，开源基金会将继续发挥重要作用，通过多样化的治理模式、全面的服务支持及积极的国际合作，推动开源技术的普及与应用。

第 8 章
开源协议与数字世界规则

开源协议是开源创新社会运动的制度保障,超出了传统私有知识产权保护的范畴,关乎世界各国数字主权、数字世界规则及标准主导权。第八章深入探讨了开源协议在数字世界规则中的关键作用,从其历史演变到对现代技术的影响。如开源协议 GPL 和 MIT 通过法律框架促进了技术共享和创新,推动了数字公共知识的发展。本章还讨论了数字世界规则的组成,包括技术规则、法律规则、伦理规则和社会规则,并展望了开源协议和数字治理的未来趋势。

第 1 节　开源协议历史演变及其作用

一、开源协议的诞生与发展

20 世纪 70 年代末和 80 年代初，计算机科学家们逐渐意识到软件开发中的一个重大问题：代码的封闭性限制了技术的创新和进步。麻省理工学院的理查德·斯托曼（Richard Stallman）是这一问题的早期观察者之一。他反对软件所有权的私有化趋势，认为软件应当是自由的，可以被任何人使用、修改和分享。于是，他在 1983 年发起了 GNU 计划，旨在开发一个完全自由的操作系统，以及一系列自由的应用程序和开发工具。他不仅致力于开发自由软件，还认识到需要一种法律手段来保护这些软件的自由性。于是，他发明了 GNU 通用公共许可证（GPL）。GPL 的出现，标志着开源许可协议的正式诞生。它规定，任何使用 GPL 许可发布的软件，其修改和衍生版本也必须以 GPL 许可发布，且必须公开源代码。GPL 不仅保护了开源软件的原作者版权，更确保了软件的自由和公平使用，为开源运动奠定了坚实的法律基础。这个巧妙的法律机制，被形象地称为"Copyleft"（著佐权），与传统的版权（Copyright）形成鲜明对比。埃本-莫格（Eben Moglen）在《无政府主义的胜利：自由软件与版权的终结》（Anarchism Triumphant: Free Software and the Death of Copyright）中所言："从版权反对者的观点来看，Copyleft 代表了理论的扭曲，但比过去几十年来的任何其他提议都更好地解决了将版权应用于计算机程序中不可分割地融合在一起的功能性和表达性特征的问题。（Moglen，E.，1999）"[①]

斯托曼的努力在《自由软件，自由社会》（Free Software，Free Society，2002年出版）一书中有详细记述，他强调了自由软件不仅是技术问题，更是社会问题。他认为，只有自由的软件才能保证用户的自由，避免被软件供应商控制。然而，"自由软件"这个术语在商业世界中常常引起误解。人们可能会以为它意味着"免费"，或者与商业目的相悖。1998年，埃里克·雷蒙德（Eric Steven Raymond）等人提出了"开源"这个更具包容性的术语，并成立了开放源代码促进会（OSI）。他们制定的开源定义，为后来的开源协议指明了方向。

开源代码和开源许可证，如同开源运动的双翼，共同推动着这场技术革命向前发展。开源代码，让软件的源代码对公众开放，任何人都可以查看、使用、修改和分发。这种开放性极大地促进了软件的创新和快速迭代，因为全球的开发者都可以为同一个项目贡献代码，形成了强大的社区力量。

而开源许可证，则是这种开放性的法律保障。它规定了开源软件的使用规则和分发方式，确保了软件的自由和公平使用，同时保护了原作者的版权。不同类型的开源许可证，如GPL、LGPL、MIT、Apache等，各自拥有不同的特点和适用场景，满足了不同软件项目的需求。

二、开源软件许可协议和传统商业软件许可的差异

开源许可协议和传统商业许可在软件代码使用和原作者权利保护

[①] 埃本-莫格伦（Eben Moglen，美国法律学者，哥伦比亚大学法学和法律史教授，软件自由法律中心创始人、主任顾问兼主席，《无政府主义的胜利：自由软件与版权的终结》（Anarchism Triumphant: Free Software and the Death of Copyright）发表于1999年（https://doi.org/10.5210/fm.v4i8.684）

方面存在显著差异。开源许可协议强调自由使用、修改和再分发，促进了技术的创新和协作，同时通过版权声明和共享改进机制保护原作者的权利。因此，开源软件的商业模式往往围绕服务、支持和定制开发展开，而不是软件本身的销售。而传统商业许可则通过严格的使用限制和法律保护机制，确保原作者的商业利益，限制了用户的自由和改进能力。这种限制保护了软件供应商的商业利益，但也阻碍了技术的传播和进步。

这种差异反映了两种不同的文化和哲学：开源社区倡导开放、共享和协作，而商业软件开发者则更关注版权保护和商业利益。如果说传统的商业许可是一座森严的城堡，那么开源许可则更像一个开放的公园。在城堡里，你可能可以使用软件，但不能窥探其内部运作，更不能自行修改或分享。而在公园里，你可以自由地探索每一个角落，甚至可以种下自己的花草，与他人分享。劳伦斯·莱斯格（Lawrence Lessig）在《自由文化》（Free Culture: How Big Media Uses Technology and the Law to Lock Down Culture and Control Creativity，2004年出版）中指出："自由文化支持并保护创造者和创新者，它通过知识产权来实现，但不是以往那种可能产生垄断的极端方式。"

三、多样化的开源许可证

然而，并非所有的开源许可证都是一样的。随着开源运动的发展，出现了多种开源许可证，以适应不同的需求和场景。它们就像公园里的不同区域，各有各的规则。GPL就像是一个要求所有改进都必须共享的区域，以其强大的互惠义务和版权保护著称，适用于那些希望确保软件自由和公平使用的项目。Apache许可证则更像是一个允许你将改进据为己有的区域，但在专利方面提供了额外的保护，要求保留版权声明和许可文本副本，适用于商业和非商业项目。MIT 和 BSDE 许可证可能是最自由的，几乎允许你做任何事，只需在软件中声明使用 MIT 协议即可，适用于大多数开源软件项目。

每种许可证都有其独特的特点和适用场景。例如，GPL 更适合希望确保软件和其派生作品始终保持开放的项目，而 MIT 和 BSD 许可证则更适合希望最大程度上推广软件使用的项目。如希瑟·米克（Heather Meeker）在《开源软件的商业之道》中所总结的："选择开源许可证就像选择商业模式一样重要，选择开源许可证不仅仅是一个法律问题，更是一个商业决策。开源许可证定义了他人如何使用、修改和分发软件，这直接影响了软件的商业潜力和市场策略。"

四、开源协议对于数字经济的意义

开源许可协议不仅仅是一种法律工具，更是一种文化和哲学。它们倡导自由、共享和协作，打破了传统软件开发的封闭模式。通过开源协议，开发者可以自由地访问、修改和分享软件代码，这种开放性极大地促进了技术的进步。

从经济角度来看，开源软件已经成为数字经济的基础。许多企业和组织依赖开源软件来构建其技术基础设施。以 Linux 为例，它不仅是服务器操作系统的主力，还广泛应用于嵌入式系统、超级计算机和移动设备。开源软件的使用降低了企业的成本，促进了技术的普及和创新。

此外，开源协议还推动了商业模式的创新。以红帽公司为例，这家公司通过提供基于开源软件的企业级支持和服务，成功地建立了盈利模式。其他如 MongoDB、ElasticSearch 和 Hugging Face 等公司也通过类似的方式，在开源软件领域取得了商业成功。

五、展望开源协议的未来趋势

展望未来，人工智能的崛起为开源协议带来了新的挑战和机遇。如何在保护创新者权益的同时，确保 AI 技术的透明度和公平性？如何处理由 AI 生成的代码的版权问题？这些问题正在促使人们思考新型的开源协议。

有人提出了"道德 AI 许可证"的概念，要求使用该 AI 系统的人承诺不将其用于有害目的。例如，负责任的人工智能许可协议（Responsible AI Licenses，RAIL）是一种专为 AI 技术设计的新型开源协议，旨在确保 AI 技术的使用符合伦理标准，避免潜在的负面影响。RAIL 协议规定了 AI 技术的使用准则，包括禁止用于侵犯隐私、制造虚假信息和歧视行为。还有人在探索如何将区块链技术应用于开源许可，以实现更精确的贡献追踪和利益分配。普里玛维拉·德·菲利皮（Primavera De Filippi）在《区块链与法律》（Blockchain and the Law: The Rule of Code，2018 年出版）中所预见的："区块链技术可能会彻底改变我们管理和执行知识产权的方式。"

同时，开源理念也在向其他领域扩展。开放硬件、开放数据、开放教育资源等概念的兴起，展现了开源精神的普适性。在这个日益互联的世界中，开源协议正在演变成一种新的社会契约，平衡创新、合作与公平。在数字世界的版图上，开源运动绘制了一幅壮丽的画卷，而这幅画卷还在不断延展，通向一个更加开放、协作的未来。

第 2 节　公共知识产权保护

一、公共知识产权的概念和重要性

公共知识产权是一个涵盖广泛的概念，指那些属于公共领域或由公众共同拥有的知识产权。这包括已过期的专利、版权作品、政府创造的公开资料,以及人类共同的文化遗产等。公共知识产权的重要性体现在多个方面。首先,它促进创新,为进一步的发展提供基础。其次,它保障公平,确保基础知识对所有人开放,减少知识垄断。此外,它还在文化传承和教育支持方面发挥着关键作用。尤查·本科勒(Yochai Benkler)在《网络的财富》中指出,"开放的知识共享模式代表了一种新的生产方式,它挑战了我们关于动机和组织的传统假设。"

维基百科作为全球最大的在线百科全书,是公共知识产权理念的典范实践。维基百科采用 CC BY-SA(知识共享署名－相同方式共享)许可协议,这种开源协议确保了内容的自由访问、使用和分享,同时要求使用者注明原作者并以相同的许可协议发布衍生作品。这种模式体现了公共知识产权的核心价值:知识的广泛传播和集体智慧的积累。维基百科通过汇集全球志愿者的贡献,创造了一个庞大的知识库,这不仅促进了教育和研究,也为创新提供了丰富的资源。

二、基于开源协议的公共知识产权保护机制

传统商品的生产和分配模式基于稀缺性原则,从生产资料、生产工具到销售和使用,每个环节都受到稀缺性的制约。然而,数字时代的到来,特别是开源代码的出现,彻底改变了这一范式。开源代码具有可复制性、再分发性和共享性,这种特性使得公共知识产权的保护机制发生了根本性的转变。数字技术为公共知识产权的保护提供了新的手段和方法,如数字水印、加密技术等。同时,数字公共产品的跨国界特性也促使各国在知识产权保护方面加强国际合作。

维基百科的成功展示了公共知识产权在数字公共产品中的巨大潜力。通过开源协议,维基百科吸引了全球范围内的志愿者参与编辑和贡

献内容，形成了庞大而丰富的知识库。这一过程中，公共知识产权的保护机制也发生了深刻的变化。

（一）开源许可协议：CC BY-SA 许可协议作为法律工具，明确规定了内容的使用条件，在保护创作者权益的同时确保知识的开放共享。这种协议模式取代了传统的版权保护，更适合数字内容的特性。

（二）技术平台：维基百科的 MediaWiki 软件平台支持内容的协作编辑和版本控制。这种技术机制确保了知识的持续更新和改进，同时保留了编辑历史，这是传统知识产权保护所不具备的动态特性。

（三）社区治理：维基百科依靠全球志愿者社区进行内容审核和管理。这种去中心化的自治机制有效地维护了知识的质量和中立性，同时大大降低了管理成本。

（四）透明度和可追溯性：所有编辑历史和讨论都公开可见，这增强了公众对知识来源的信任，并为可能的纠纷解决提供了依据。

这些机制充分利用了数字技术和网络效应，创造了一种新的知识生产和保护模式，完全不同于传统的知识产权保护方式。维基百科在这些机制的作用下，共同构建了一个开放、动态且自我修正的知识生态系统。

三、公共知识产权保护面临的挑战

随着数字经济的兴起，公共知识产权的发展趋势日益明显。数字公共产品，如开源软件、开放数据、开放人工智能模型等，正成为推动社会进步和经济发展的重要力量。然而，这种新的保护机制也面临着独特的挑战。首先是准确性和可靠性问题，开放编辑模式可能导致信息不准确或被恶意篡改。其次是版权纠纷，在开放共享环境中可能出现侵权内容。此外，还有文化偏见、数字鸿沟和可持续性等问题。

随着技术的发展，公共知识正在向数字公共产品演变。这种转变带来了新的知识产权问题和发展趋势。首先是数据权利问题，如何平衡数据开放与隐私保护成为新的挑战。其次是算法透明度，AI算法对公共决策的影响引发了对算法公开性和可审核性的讨论。此外，数字公共品的治理、跨境知识流动、AI生成内容的版权等问题也亟待解决。

菲利皮在《监管区块链：代码之卷》中预见，"区块链技术可能会彻底改变我们管理和执行知识产权的方式。"这种新技术可能为数字公共产品的版权管理和内容追踪提供新的解决方案。同时，开放教育资源的发展可能改变传统的教育资源版权模式，需要新的政策和法律框架支持。

展望未来，公共知识产权保护将面临更复杂的挑战。我们需要在开放与保护、创新与规范之间寻求平衡，以确保数字公共产品能够持续为人类社会创造价值。这可能需要更新法律框架、发展新的技术工具、加强国际合作，以及提高公众对数字公共产品价值的认识。

克莱·舍基（Clay Shirky）在《人人时代》（*Here Comes Everybody: The Power of Organizing Without Organizations*）中所言，"开源不仅仅是一种软件开发方法，它是一种看待世界的方式。"通过维基百科这个案例，我们看到了公共知识产权如何在数字时代得到实践和发展。它展示了开源协议、技术平台和社区参与如何共同发挥作用，创造出一个全球性的知识共享平台。随着我们进入数字公共产品时代，这些经验将为我们应对新的挑战提供宝贵的启示，推动公共知识产权保护机制的持续创新和完善。

第3节 数字世界的规则

一、数字世界规则的主要组成

从开源协议到数字公共知识产权保护机制，这些规则不仅塑造了数字世界的运作方式,还深刻影响着我们的生活和工作。开源运动不仅改变了软件开发的模式,也为数字世界的治理提供了新的思路。约柯·本科勒(Yochai Benkler)在《网络的财富》中所指出,"开放协作模式展示了一种新型的生产方式和社会组织形式:基于共享的同侪生产(commons-based peer production)。"这种模式挑战了传统的经济组织形式,表明在某些情况下,松散组织的个人可以比传统公司更有效地创造价值。这种模式的成功,促使我们重新思考数字世界的规则体系。

本科勒的这一观点不仅描述了一种现象,更预示了一种趋势。它要求我们重新思考经济组织、社会结构和法律框架,以适应这种新型的生产和组织方式。这种思想对于理解和塑造数字时代的规则和制度有着深远的影响。

(一)技术规则

技术规则是数字世界运行的基础,包括各种协议、标准和算法。劳伦斯·莱斯格(Lawrence Lessig)在《代码2.0》中提出了著名的"代码即法律"观点,强调技术架构本身就是一种规则。开源软件的蓬勃发展为技术规则提供了新的范式。例如,Linux内核的开发模式不仅创造了一个强大的操作系统,也形成了一套有效的协作规则。莱纳斯·托瓦兹(Linus Torvalds)和大卫·戴蒙德(David Diamond)在《只是为了好玩:一个意外革命者的故事》)中详细描述了这一过程,揭示了开源技术规则的形成机制。

开源协议,如GPL和MIT许可证,为软件开发者提供了共享和修改代码的法律框架。这些协议不仅促进了技术创新,还推动了数字公共知识的发展。技术规则还包括数据格式、通信协议和加密算法等,它们共同确保了数字世界的稳定性和安全性。

在《世界是平的》一书中,托马斯·弗里德曼强调了技术规则在全球化数字世界中的重要性。他指出,标准化的技术规则促进了不同国家和地区之间的数字交流,推动了全球经济的融合。

(二)法律规则

法律规则为数字世界提供了正式的规范和约束,包括知识产权法、网络安全法、个人隐私保护法等,它们通过立法和法规来规范和保护数字世界中的各种权利和义务。例如,GDPR(通用数据保护条例)是欧盟针对数据保护和隐私的法律框架,为个人数据的处理和跨境数据流动设定了严格的规则。

詹姆斯·博伊尔(James Boyle)在《公有领域:围绕思想共享的围栏》(The Public Domain: Enclosing the Commons of the Mind,2008年版)中探讨了数字时代知识产权法的变革需求。知识共享公共许可协议(Creative Commons License)的广泛应用,就是法律规则适应数字时代需求的典型例子。莱斯格在《自由文化》[①]中详细阐述了这一创新性的版权许可模式,展示了法律规则如何促进知识共享和创新。此外,他在《代码2.0:网络空间中的法律》中深入探讨了法律规则在数字世界中的应用。他指出,法律规则必须适应数字技术的快速发展,以有效应对网络犯罪、数据泄露等挑战。

(三)伦理规则

伦理规则关注数字技术的道德维度,包括隐私保护、算法公平、人工智能伦理等问题。在人工智能和大数据时代,伦理规则变得尤为重要,

---

① 劳伦斯·莱斯格《自由文化》 书的中文版名为《谁绑架了文化创意——打造知识共享的自由文化》(Free Culture: How Big Media Uses Technology and the Law to Lock Down Culture and Control Creativity,2004年版)

涵盖了算法的公正性、数据的透明性，以及技术发展对社会的影响。例如，人工智能伦理原则（如公正性、透明性、责任性）正逐渐成为国际社会关注的焦点。

开源运动不仅是一种技术实践，也体现了共享、协作的伦理价值观。斯托曼在《自由软件，自由社会》中阐述了自由软件运动的伦理基础，强调了用户自由的重要性。理查德·斯皮内洛（Richard Spinello）在《铁笼，还是乌托邦：网络空间的道德与法律》一书中详细阐述了伦理规则在数字世界中的作用。他强调，伦理规则有助于引导数字世界参与者的行为选择和价值判断，确保数字技术的健康发展。

（四）社会规则

社会规则指的是在数字世界中形成的社会共识和行为准则。它们反映了社会对数字技术应用的态度和期望，涵盖了信息透明、数字包容、数字素养等方面。例如，信息透明要求政府和企业在数据处理和决策过程中向公众提供充分的信息和解释。

舍基在《人人时代》中分析了互联网如何改变人们的组织和协作方式。开源社区的运作就是一个典型的例子，它依赖于成员间的互信和共同遵守的行为准则。雷蒙德在《大教堂与集市》中描述了开源社区的运作模式，揭示了这种自组织系统的独特魅力。

二、数字世界规则面临的挑战

数字世界规则面临的挑战复杂而多维，其影响深远且广泛。随着技术的日新月异，特别是人工智能、大数据、区块链等前沿技术的快速发展，现有的规则体系正遭受前所未有的冲击。技术的革新不仅改变了人们的生活方式，也对规则制定者提出了更高要求，迫使他们不断适应并创新规则框架，以确保技术与规则的同步发展。

跨国界的法律适用问题更是加剧了这一挑战。数字世界的无边界特性使得单一国家的法律难以全面覆盖，导致不同法律体系间的冲突与监管空白。例如，数据跨境流动、网络犯罪打击等领域均面临法律适用的困境，需要国际社会共同努力，制定统一的国际标准或协议。

伦理问题也是数字世界规则面临的一大挑战。隐私泄露、网络欺诈、网络暴力等现象频发，不仅侵犯了公民的合法权益，也破坏了数字世界的健康生态。这些问题的解决需要规则制定者将伦理考量纳入规则体系，强化对网络行为的道德约束。

此外，社会规则在数字世界中同样面临诸多挑战。数字鸿沟的扩大加剧了社会不平等，网络暴力的蔓延威胁着社会稳定与和谐。这些问题要求规则制定者更加关注社会公平与正义，通过政策引导和技术手段缩小数字鸿沟，维护网络空间的清朗与安宁。

从开源协议到数字公共知识产权保护机制的普及，我们看到了构筑数字世界规则模型的重要性和迫切性。正如曼努埃尔·卡斯特（Manuel Castells）在《互联网星系》中所指出的，数字世界的规则将深刻影响我们的社会结构和文化形态。构建一个公正、有效的数字世界规则体系，不仅是技术和法律的挑战，更是关乎人类未来发展的重大议题。在这个过程中，我们需要汲取开源运动的经验，平衡创新与规制，共享与保护，以创造一个更加开放、公平、创新的数字未来。

第 4 节 数字世界规则的治理框架

面对数字世界的复杂性和快速变化，构建一个有效的治理框架变得尤为重要。这个框架需要兼顾灵活性、包容性和有效性，以应对当前和未来的挑战。以下是数字世界规则治理框架的几个关键组成部分：

一、多利益相关方模式

互联网的治理需要政府、企业、技术社区、学术界和公民社会等多方参与。这种模式在 ICANN（互联网名称与数字地址分配机构）的运作中得到了体现。劳拉·德纳迪斯（Laura DeNardis）在《全球互联网治理之战》中详细分析了这种治理模式的优势和挑战。她指出，多利益相关方模式可以确保决策过程的透明度和包容性，但也面临着效率和代表性的问题。

米尔顿·穆勒（Milton Mueller）在《网络与国家：互联网治理的全球政治》中进一步探讨了这种模式在全球范围内的应用。他强调，多利益相关方模式不仅是一种治理机制，也是一种价值观，体现了互联网开放、去中心化的本质。

二、自适应监管

鉴于技术发展的快速性，监管方式需要更加灵活，能够快速适应变革。吉利安·哈德菲尔德（Gillian Hadfield）在《平面世界的规则》中提出了"自适应监管"的概念。她认为，监管框架应具有学习和进化的能力，能够根据新出现的情况及时调整。这种方法可以帮助规则制定者更好地应对技术快速变革带来的挑战。例如，在开源软件领域，许多项目采用了动态的治理模式。Linux 基金会的运作就是一个很好的例子，它通过持续调整治理结构和规则，以适应技术发展和社区需求的变化。

三、分层治理

采用分层治理模式，在不同层面应用不同的规则。本科勒在《网络的财富》中提出的"信息生产的三层模型"（物理层、逻辑层、内容层）为这种分层治理提供了理论基础。这种模型认识到数字世界的复杂性，允许在不同层面采用不同的治理方法。

例如，在物理层面（如网络基础设施），可能需要更多的政府监管；而在内容层面，可能更适合采用社区自治的方式。莱斯格在《代码2.0》中也支持这种分层治理的观点，他认为不同层面的规制（法律、市场、规范和架构）需要协同作用。

四、开放标准

推动开放标准的制定和应用，促进互操作性和创新。蒂姆·伯纳斯－李（Tim Berners-Lee）等人在《万维网架构：第一卷》中详细阐述了Web架构的开放设计原则，这些原则对构建开放、互通的数字世界至关重要。[1]

开放标准不仅促进了技术创新，也为公平竞争创造了条件。例如，万维网联盟制定的各种Web标准，确保了不同厂商的产品可以在Web上互操作，避免了技术垄断。

五、伦理框架的构建

建立广泛认可的数字伦理框架，指导技术发展和应用。卢西亚诺·弗

---

[1] 《万维网架构：第一卷》（World Wide Web Architecture: Volume 1, 2004）（https://www.w3.org/TR/webarch/#:~:text=1.1.-,About%20this%20Document,manner%20consistent%20with%20Web%20architecture.）

洛里迪（Luciano Floridi）等人在《AI4People——良好 AI 社会的伦理框架》中提出了一个全面的 AI 伦理框架，为未来的技术发展提供了重要参考。这个框架包括尊重人类自主权、预防伤害、公平性和可解释性等原则。[1]

欧盟提出的"可信赖人工智能"原则也是一个重要的尝试，它强调 AI 系统应该是合法的、符合伦理的和稳健的。这些伦理框架不仅为技术发展提供了指导，也为制定相关法规提供了基础。

六、国际合作与协调

鉴于数字世界的全球性，加强国际合作与协调变得尤为重要。约瑟夫·奈（Joseph Nye）在《未来的力量》（*The Future of Power*，2011）中强调了建立国际规范和制度的重要性。他认为，尽管完全的全球治理可能难以实现，但在某些关键领域（如网络安全）达成共识是可能的。

例如，《布达佩斯网络犯罪公约》（*Budapest Convention on Cybercrime*）是一项于 2001 年由欧洲委员会起草并在匈牙利布达佩斯签署的国际公约。该公约旨在通过国际合作和制定共同的法律标准，应对跨境网络犯罪，特别是网络攻击、计算机欺诈、数据盗窃和儿童色情等犯罪行为。虽然并非所有国家都加入，但它代表了国际合作的一个重要尝试。

七、公民参与和数字素养

最后，但同样重要的是，提高公民的数字素养和参与度。亨利·詹金斯（Henry Jenkins）等人在《参与式文化》（Convergence Culture，

---

[1] 《AI4People——良好 AI 社会的伦理框架》（AI4People—An Ethical Framework for a Good AI Society: Opportunities, Risks, Principles, and Recommendations, 2018）（https://link.springer.com/article/10.1007/s11023-018-9482-5）

2009）中探讨了如何在数字时代培养公民参与。他们认为，数字素养不仅包括技术技能，还包括批判性思考、创造性表达和有效沟通的能力。通过提高公民的数字素养，我们可以培养一个更加知情、负责任的数字公民群体，他们能够积极参与数字世界的治理。

构建数字世界的治理框架是一个持续的过程，需要各方的共同努力和持续调整。正如莱斯格在《代码2.0》中所言，"网络空间的未来取决于我们如何理解它的现在"。通过多利益相关方参与、自适应监管、分层治理、开放标准、伦理框架、国际合作以及公民参与，我们可以共同塑造一个更加开放、公平、创新的数字未来。这个治理框架不仅要解决当前的挑战，还要为未来的技术发展和社会变革留下空间。

小　结

开源协议和数字世界规则共同塑造了我们的数字时代，推动了技术创新和社会进步。面对新兴技术的挑战，如人工智能和区块链，我们需要不断更新和完善这些规则，以确保技术的健康发展和公平应用。通过多利益相关方的参与、自适应监管、分层治理、开放标准、伦理框架和国际合作，我们可以构建一个更加开放、公平和创新的数字世界。这不仅需要技术专家和法律制定者的努力，也需要每个公民的积极参与和数字素养的提升。开源运动和数字治理的未来发展将决定我们如何在数字时代中共同繁荣。

第 9 章
开放型组织与管理创新

管理学具有时代特征,现有管理学教科书以汽车生产线为研究对象,描述的是有形物理商品生产组织模式。然而,数字商品如何组织生产?数字商品生产线具有哪些特征?作为超越时间和空间的大规模生产协作模式,开源为我们展示了未来管理学发展方向。第九章深入探讨了开放型组织的实践与管理创新,以红帽公司为案例,分析了其开放型组织的五个核心特征:透明性、包容性、适应性、协作性和社区性[1],并通过一系列措施如开放式沟通、基于贡献的评估机制、灵活的组织结构、开放式领导力和以人为本的管理方式,展示了开放型组织的优势。本章还阐述了开源理念如何超越技术范畴,影响组织文化、提升组织绩效并促进组织可持续性发展。此外,还介绍了开放创新型组织的成熟度模型,为组织向更加开放和创新的模式转型提供了指导。

---

[1] 开放式组织的定义(https://theopenorganization.org/definition/#:~:text=The%20Open%20Organization%20Definition%20outlines, behaviors%2C%20systems%2C%20and%20structures.)

第 1 节　红帽公司的开放型组织实践

在当今快速变化的商业环境中，传统的封闭式管理模式已难以满足企业对于速度、灵活性和创新的需求。开放型组织作为一种新兴的管理方式，正逐渐成为企业追求高效管理和持续创新的重要途径。红帽公司，作为全球领先的开源解决方案提供商，不仅在技术方面践行开源理念，更将开源思想融入组织管理的方方面面。吉姆·怀特赫斯特（Jim Whitehurst），红帽公司的前 CEO，在其著作《开放式组织》（The Open Organization：Igniting Passion and Performance，2015 年出版）中详细阐述了公司的开放型组织实践，并为开放式组织概括出五个特征——透明性、包容性、适应性、协作性和社区性，并解释了这些特征如何成为新的组织行为、系统和结构的基础。

红帽公司通过一系列具体措施实践开放型组织模式，包括：

一、开放式沟通和决策

红帽公司推崇透明、开放的沟通文化。在红帽，开放不仅仅是一种文化，更是一种战略。公司鼓励员工积极参与开源社区，与全球开发者共同协作，共同推动技术创新。这种开放的氛围使得红帽能够迅速响应市场变化，持续推出具有竞争力的产品和服务。公司内部使用类似于开源社区的邮件列表和论坛，让员工可以自由讨论公司的战略、产品和运营问题。这种做法不仅提高了信息的流通效率，还让每个员工都有机会参与决策过程。怀特赫斯特在书中指出："在红帽公司，我们相信好的想法可以来自任何地方。通过开放沟通渠道，我们能够汇集集体智慧，做出更明智的决策。"

二、基于贡献的评估机制

与传统公司不同，红帽公司的评估和晋升机制更注重员工的实际贡献，而非职位或资历。这种机制借鉴了开源社区的运作方式，鼓励员工积极参与、贡献想法，不仅激励了员工积极参与公司和社区的各项活动，还提升了整体的创新能力和工作效率。丹尼尔·平克（Daniel Pink）在《驱动力：我们真正的动力是什么》中强调了自主性、精进和目的对于内在动机的重要性，这与红帽公司的评估机制高度契合。具体来说，红帽公司通过开源社区的贡献记录和内部项目的绩效评估，全面衡量员工的表现。无论是代码贡献、文档编写还是社区支持，所有的贡献都会被公平评估。这种机制使得每个员工都能在各自的领域发挥最大的潜力，并获得应有的认可和奖励。

三、灵活的组织结构

红帽公司的组织结构高度灵活，能够快速响应市场变化和技术发展。公司采用扁平化管理，减少了层级间的沟通障碍，使得信息传递更加高效，决策过程更加迅速。扁平化的结构不仅增强了员工的自主性和创新性，还促进了跨部门的协作和资源共享。此外，红帽公司根据项目需求灵活组建团队，鼓励跨部门合作。这种动态团队的组建方式不仅提高了项目的响应速度和执行力，还促进了知识和技能的共享。例如，在新产品开发过程中，红帽公司往往会组建由开发、市场、销售等多个部门成员组成的跨职能团队，以确保产品的成功推出。

四、开放式领导力

红帽公司的领导力模式也体现了开放的原则。公司的领导者不仅是管理者,更是社区的一员,他们通过示范和参与来引领团队。领导者们积极参与开源社区,亲自参与项目开发和讨论,通过实际行动赢得员工的尊重和信任。这种开放式领导力强调领导者的服务和支持角色,而不是传统的命令和控制。领导者们通过提供资源、解除障碍和指导方向,帮助团队实现目标。同时,他们也鼓励员工提出意见和建议,参与决策过程,确保每个人的声音都能被听到和尊重。怀特赫斯特强调:"开放式领导需要谦逊、透明和对多样性的包容。"这种领导方式与彼得·圣吉(Peter Senge)在《第五项修炼》中描述的学习型组织领导理念有异曲同工之妙。

五、以人为本

红帽公司深信,公司的成功源于员工的创造力和热情。因此,公司致力于创造一个能够激发员工潜能的环境。这种理念与加里·哈默尔(Gary Hamel)在《管理的未来》中提出的管理创新思想不谋而合,强调释放人的创造力和主动性。公司通过提供丰富的培训和发展机会,帮助员工不断提升技能和职业发展。无论是技术培训、领导力发展还是个人成长,红帽公司都提供了全面的支持和资源,并强调赋予员工追求有意义工作的自由。这种以人为本的文化不仅提升了员工的满意度和忠诚度,还增强了公司的吸引力和竞争力。

红帽公司的开放型组织实践展示了如何将开源理念从软件开发领域扩展到组织管理领域。通过开放式沟通和决策、基于贡献的评估机制、灵活的组织结构、开放式领导力以及以人为本的理念,红帽公司成功地建立了一个高效、创新且充满活力的组织。这些实践不仅提高了公司的创新能力和市场响应速度，还增强了员工的参与感和归属感。正如怀特赫斯特所说："开放型组织不仅仅是一种管理方式，更是一种释放人类潜能的方法。"

第 2 节　开源驱动的组织管理创新

开源，作为一种独特的软件开发模式，已经超越了技术范畴，逐渐渗透到组织管理的各个层面，成为驱动组织管理创新的重要力量。我们可以从开源对组织文化的影响、开源与组织绩效以及开源与组织可持续性三个方面，深入探讨开源驱动的开放型组织是如何引领组织管理创新的潮流。

一、开源对组织文化的影响

开源文化对组织管理的深远影响体现在多个层面。它倡导的共同创造与分享理念，极大地促进了组织内部的跨部门、跨团队协作。乔诺·贝肯（Jono Bacon）在《社区的艺术》一书中指出："开源社区的成功关键在于建立一种强大的协作文化，这种文化鼓励成员积极参与、互相帮助。"在开源驱动的组织中，员工更倾向于主动分享知识、互帮互助，从而形成一个高效的协作网络。唐·塔普斯科特（Don Tapscott）和安东尼·D·威廉斯（Anthony D. Williams）在《维基经济学》中所述："透明度是 21 世纪组织的新常态。"开源文化鼓励组织公开信息、决策过程和结果，这不仅有助于减少内部矛盾，还能吸引更多外部资源参与到组织的发展中来。同时,开源的透明特性提升了公司运营的透明度,增强了员工的信任与归属感。此外,开源文化鼓励试验与快速迭代,培养了员工的创新意识,使组织更愿意尝试新想法并迅速适应市场变化。其全球化的特性还促进了组织内部的多样化思维,增强了创新能力。总体而言,开源促进了组织文化从封闭向开放的转变,有助于吸引和保留人才,激发员工的创造力与创新精神。

二、开源与组织绩效

开源模式对组织绩效的积极影响已得到多项研究的支持。开源方法可以加速知识的创造和传播,从而提高创新速度。开源组织能够更快地识别问题、集思广益、实施解决方案,这种快速迭代的过程大大提升了创新效率。同时,采用开源软件和开放式协作,组织可以有效降低研发和运营成本,提高整体效率。开源模式还使组织能够更快速地响应市场需求。亨利－切斯布罗(Henry Chesbrough)在《开放创新:创造和从技术中获取利润的新要求》中强调,开放式创新可以帮助公司更好地满足客户需求,提高市场竞争力。开源组织通常与用户保持密切联系,能够更快地获取反馈并做出调整,从而提高产品或服务的市场适应性。此外,在开源驱动的组织中,员工往往拥有更大的自主权,能够参与有意义的项目,并不断提升自己的技能,这些因素都有助于提高员工满意度和生产力。因此,开源通过促进技术共享、加速产品开发周期等方式,对组织的绩效产生了积极影响,包括提升市场竞争力和财务表现。

三、开源与组织可持续性

开源模式对组织的长期可持续发展也有重要影响。它增强了组织的适应性和韧性,使组织能够更好地应对复杂和不确定的环境。约柯·本科勒(Yochai Benkler)在《网络的财富》中所论述的,开放式网络结构使组织能够更好地应对复杂和不确定的环境。同时,开源文化帮助组织吸引和保留顶尖人才,为员工提供更具挑战性和成就感的工作环境。此外,开源模式有助于形成一个互利共生的生态系统,增强组织的长期竞争力,并与其他公司、开发者和用户建立更紧密的联系。重要的是,开源理念与企业社会责任高度契合,通过参与开源项目和社区,企业可以为社会创造更多价值,提升品牌形象和声誉。开源的开放协作性为组织提供了一种可持续发展的模式,通过全球开发者社区的合作,组织能够不断吸收新的思想和技术,保持长期的创新活力。

第3节 开放创新型组织成熟度模型

开放式组织成熟度模型是为寻求更好接受开放式原则和实践的组织提供的资源。它源自开放式组织定义,并由开放式组织社区维护。[①] 开放式组织成熟度模型是一个框架,可帮助你的组织变得更加透明、包容、适应性强、具有协作性和社区性。它概述了个人、团队和组织可以采取的步骤,以批判性地检查他们的组织实践,并规划他们成为一个更加开放的组织(如开放式组织定义中所概述的)的进展情况。

基于 Open Organization Maturity Model,我们可以将开放创新型组织的成熟度分为三个主要级别:初始级、发展级和成熟级。这个模型涵

---

① 开放式组织成熟度模型 README.md(https://github.com/open-organization/open-org-maturity-model/blob/master/README.md)

盖了透明度、包容性、适应性、协作性和社区性五个关键维度。① 以下是对这个成熟度模型的总结：

一、透明度

透明度是开放创新型组织的基石，涉及信息共享、决策过程和知识管理。随着成熟度提高，组织从有限的内部信息共享发展到全面的内外部透明。

初始级，决策和资源共享有限，信息流动不畅，成功案例分享多于失败案例。

发展级，决策过程逐步透明化，部分领导愿意接受反馈，但资源分享仍有限制。

成熟级，决策透明度高，资源和数据广泛共享，所有成员可以参与和贡献。

随着开放程度的加深，组织内的信息共享逐渐从内部有限范围扩展到广泛的外部参与。决策过程变得更加开放透明，员工能够更早、更深入地参与到决策中来，显著提升了他们的参与度和归属感。同时，组织鼓励成员不仅分享成功的故事，也坦诚讨论失败的教训，这种频繁且深入的经验分享促进了团队之间的学习与成长。知识管理系统也经历了从分散碎片化到统一集中的转变，建立了易于访问的知识共享平台，促进了知识的广泛传播和应用。此外，对于敏感信息的处理原则逐步明确并公开，增强了员工对组织的信任感，维护了组织的稳定与和谐。

---

① 开放式组织成熟模型指南（https://github.com/open-organization/open-org-maturity-model/blob/master/open_org_maturity_model.md）

二、包容性

包容性反映了组织对多元化观点的重视程度和决策参与的广泛性。成熟的组织能够充分吸收不同声音,让每个成员都感到被赋能。

初始级,反馈机制不完善,决策缺乏多元视角,组织成员参与度低。

发展级,开始建立多元意见收集渠道,但全员参与度和感受力仍有提升空间。

成熟级,建立了全面的多元意见收集和参与机制,组织成员感到被充分赋权和鼓励。

关键实践:组织不断完善多元化观点收集机制,确保每个声音都能被听见。领导者展现出对反馈的高度接受度和积极回应能力,营造了一个安全开放的环境。员工表达意见的渠道日益拓宽和深化,无论是内部还是跨部门的沟通都变得更加顺畅。决策参与不再局限于少数人,而是全面赋能给所有成员,增强了团队的整体效能。包容性逐渐成为组织文化的核心,深刻影响着招聘策略、团队构建以及日常工作的方方面面。

三、适应性

适应性反映了组织应对变化和不确定性的能力。高适应性的组织能够快速响应外部环境变化,鼓励创新和实验。

初始级,响应速度慢,决策层级化,信息流向固定。

发展级,引入更灵活的决策和反馈机制,鼓励试验和改进。

成熟级,反应迅速,灵活应对变化,决策和问题解决过程可持续调整。

组织内的材料共享方式逐渐从单向传递转变为允许广泛修改和协作,增强了团队成员之间的互动和参与感。反馈收集范围显著扩大,不仅限于内部利益相关者，还积极寻求外部反馈，并为此分配专门资源管理和执行反馈意见。问题解决框架逐步完善，从提供基础指导到最终允许集体修改和优化，确保组织能够快速适应环境变化。同时，组织积极培养实验精神，鼓励尝试和创新，将失败视为宝贵的学习机会。持续学习成为组织文化不可或缺的一部分，促使成员不断提升自我，共同推动组织进步。

四、协作性

协作性体现了组织内部和外部的合作程度。成熟的组织能够打破部门界限，形成高效的跨职能团队，并与外部伙伴紧密合作。

初始级，跨部门协作困难，工作成果分享有限。

发展级，建立跨职能团队，促进协作和知识共享。

成熟级，协作文化深入，团队间积极互动和学习，成果对整体有益。

组织内部的工作分享时机显著前移，从项目后期回顾转向项目早期规划阶段，促进了更及时的协作与反馈。跨职能团队日益普及，团队成员来自不同背景和专业领域，共同协作效能不断提升。协作成果共享范围逐渐扩大，从内部团队扩展到整个组织，并最终延伸到组织外部，促进了知识的广泛传播与应用。同时，先进的协作工具和平台得到普及和高效使用，进一步提升了团队协作的效率和效果。内外部协作成为组织工作的常态，不同部门和团队之间的紧密合作产生了显著的协同效应，共同推动组织目标的实现。

五、社区性

社区性反映了组织成员对共同目标和价值观的认同度，以及组织作为一个整体的凝聚力。高社区性的组织能够形成强大的文化认同和归属感。

初始级，组织认同不强，工作重复，缺乏共同语言。

发展级，共同愿景和价值观被明确定义和传播，新成员快速融入。

成熟级，共享价值和原则贯穿决策和执行过程，强化社区精神和成员责任感。

随着开放组织文化的深入发展，组织的核心价值观和原则从初步定义逐渐演变为全面指导日常决策和行为的基石。成员在分享想法时感到更加自在和无畏，能够在更广泛的领域内自由表达观点。领导力风格与组织价值观深度融合，领导者成为践行和传播这些价值观的典范。同时，组织的共同语言从初步形成到深入人心，不仅促进了成员间的顺畅沟通，更成为凝聚团队力量和激发归属感的核心要素。在这种文化氛围中，成员们展现出强烈的主人翁意识和责任感，共同为组织的发展贡献力量。

这五个维度相互关联，共同构成了开放创新型组织的基本特征。组织在这些方面的进步将有助于建立一个更加灵活、创新和富有凝聚力的组织文化，从而在竞争激烈的市场中保持优势。

小　结

开放型组织代表了管理创新的新趋势，它通过促进透明度、包容性、适应性、协作性和社区性，为企业带来了更高的创新速度、市场响应能力和员工参与度。红帽公司的成功实践证明了开源理念在组织管理中的巨大潜力，能够激发员工的创造力和热情，构建高效、创新且充满活力的组织。随着全球化和技术的不断进步，开放型组织将继续引领管理创新的潮流，帮助企业在竞争激烈的市场中保持优势，实现长期的可持续发展。开源不仅是一种技术模式，更是一种文化和价值观，它对组织的深远影响预示着企业管理未来的发展方向。

第 10 章
开源软件供应链

　　在物理世界，产业链供应链安全是助力国家产业高质量发展、保障实体经济稳定运行、构建新发展格局的重要内容，也是国家经济安全的重要组成部分。传统制造业、食药供应等领域的供应链流程与标准已日趋完善。在数字世界，同样存在产业链供应链安全稳定问题。相对于物理世界的产业链供应链，开源软件供应链的重要性还没有引起足够重视，相关研究相对较少且不够深入。本章以开源软件供应链为例，介绍开源软件供应链相关问题，包括安全、工具及管理和组织策略（如开源办公室）等。

第 1 节　开源和安全性的思考

一、开源需求持续增长

数字化时代，软件重新定义万物，企业的运营正在被数字化转型重构。任何企业，无论是软件的提供者，还是软件的使用者，其创新的前提很大程度上都依赖于软件的安全与可靠。开源软件的出现，彻底改变了传统的软件开发模式，随着开源技术的广泛应用，以及 AI 生成代码的日益成熟，越来越多的企业开始采用第三方代码来构建自己的应用程序。马克·安德森（Marc Andreessen）曾说过"软件正在吞噬世界"，如今，可以说开源正在吞噬软件世界。开源代码已经是当今企业和个人应用程序的基石。

Sonatype 在其《软件供应链状况》报告中指出，当前我们生产环境中运行的代码中高达 90% 是开源的。下图是 2018 年至 2023 年四大开源生态系统（Java、Java Script、Python 以及 .NET）总体下载请求量。

正如梅赛德斯-奔驰技术创新有限公司的一位代表所说："开源软件是不可或缺的。它不仅对软件业至关重要，对汽车业也至关重要；事实上，它对使用软件的每个行业都至关重要。整个欧洲工业都需要支持开源，以维护数字主权，提高效率，并保持在全球范围内的竞争力。"开源为软件开发人员搭建了一个协作、共享、学习的平台，加速了开发进程，降低了成本，并推动了技术创新。

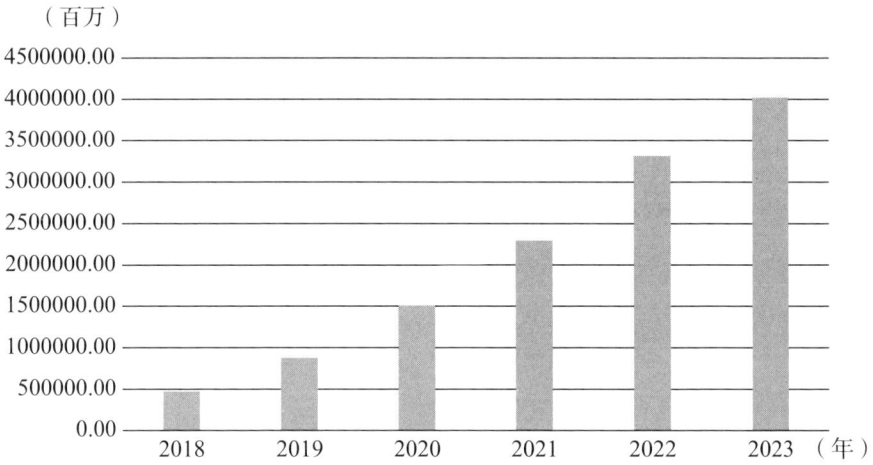

图 10-1　2018 年至 2023 年四大开源生态系统总体下载请求量

二、开源漏洞隐患重重

随着开源软件的无限可能性，开源安全风险也随之而来。2022年，奇安信代码安全实验室对 2631 个国内企业软件项目中使用开源软件的情况进行分析发现，开源使用率为 100%，平均每个项目使用了 155 个开源软件；存在已知开源软件项目漏洞的项目占比达 91.6%，平均每个项目存在 110 个已知开源软件漏洞，项目中最古老的开源软件漏洞的发现时间可以追溯到 21 年前；近 30 年前的老旧开源软件版本仍然在使用，同一开源软件各版本的使用依然混乱。开源软件供应链的整体安全风险状况比两年前更糟糕，风险水平依然处于较高状态。

新思科技^①（Synopsys）公司发布的《2024 年开源安全和风险分析》报告指出，2023 年 Synopsys 审查了 1067 个代码库，96% 的代码库包含开源代码。审查的全部源代码和文件中，有 77% 来自开源代码。Synopsys 公司在 936 个经过风险评估的代码库中发现，84% 的代码库包含至少一个开源漏洞，74% 的代码库包含高风险漏洞，53% 的被审代码库中存在许可证冲突，31% 的被审代码库中包含没有许可证或使用定制许可证的开源代码，49% 的代码库中包含过去 24 个月内未进行任何更新的组件，1% 的代码库中包含至少 12 个月未被代码维护人员更新/修补的组件。包含漏洞的代码库涉及各个行业，下图展示 2023 年各行业包含高风险漏洞的代码库占比。

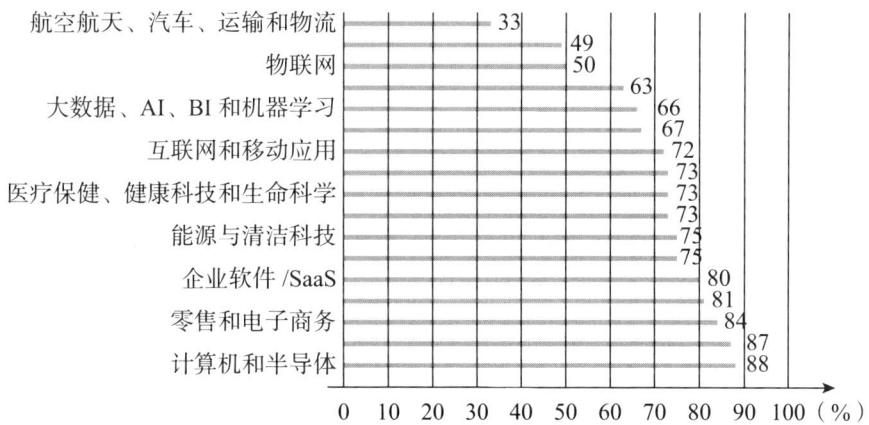

图 10-2　2023 年各行业包含高风险漏洞的代码库占比

---

① 新思科技（Synopsys, Inc.）成立于 1986 年，总部位于美国硅谷，在职员工超过 19000 人，分布在全球 125 个分支机构。2022 财年营业额超过 50 亿美元，拥有近 3400 项已批准的专利。在从芯片到软件的众多领域引领技术趋势，是全球首屈一指的芯片自动化设计解决方案提供商，全球排名第一的芯片接口 IP 供应商，同时也是信息安全与软件质量的全球领导者，其技术深刻影响着当前全球五大新兴科技创新应用：智能汽车、物联网、人工智能、云计算和信息安全。

第 2 节　软件供应链安全问题刻不容缓

开源给软件供应链攻击（Software Supply Chain Attack）提供了极大的便利条件。与直接攻击最终用户目标不同，攻击者通过破坏现有软件供应链中的薄弱环节，以此制造混乱，导致近年来一些最突出的网络安全事件和数据泄露，对用户隐私、财产安全乃至国家安全构成重大威胁。

一、源头之战，软件供应链攻击事件冰山一角

由于云平台和云技术能加速软件供应链的开发、分发、和使用，这将进一步加剧软件供应链攻击的复杂性，给企业安全防护带来了极大的挑战。据 SNYK 研究指出，2022 年，有 80% 的企业至少经历过一次严重的云安全事件，以下仅是软件供应链攻击事件的冰山一角。

作为"AI 领域的 GitHub"，全球最具影响力的 AI 开源社区——Hugging Face 提供了大量高质量的开源模型、数据集以及 AI 应用托管服务，极大地降低了 AI 的技术门槛，该组织的开源组件（datasets 等）在 AI 领域被广泛使用。2023 年 10 月 20 日，Hugging Face 确认并修复了朱雀报告 datasets-server 组件的一个严重漏洞（CVSS 评分 9.6），并在平台上对所有可能存在风险的数据集做出了进一步的安全风险提示。事情的起因是腾讯朱雀实验室研究发现，Hugging Face 提供的 datasets 组件存在不安全特性，可被利用于大模型供应链攻击。一旦恶意数据集在网络上被大范围传播与使用，就将会有大量开发者遭受这种供应链后

门投毒攻击。

此外，境外网络金融犯罪组织 FIN8 的典型攻击模式是从销售点的环境中窃取支付卡的数据，特别是针对零售商、餐馆和酒店等行业的销售点。2021 年 4 月 11 日，腾讯洋葱反入侵团队监测到一起境外网络金融犯罪组织 FIN8"精心策划"的定向软件供应链攻击，试图窃取谷歌浏览器用户数据、社交账号数据（微信、QQ、Telegram、Skype 等）、桌面文件、主机数据等敏感信息，该事件波及全球超过 6 个国家或地区大量用户，给他们造成巨大损失和不良影响。

二、软件供应链和软件供应链攻击

传统供应链是一个由各种组织、人员、技术、活动、信息和资源组成的系统，该系统负责将商品或服务从供应商转移到消费者手中的过程。中国信通院（CAICT）发布的《软件供应链安全洞察报告（2021年）》中，对软件供应链做了如下解释：软件供应链是根据软件生命周期中一系列环节与传统供应链的相似性，由传统供应链扩展而来，包括第三方代码/组件引入、应用开发/测试、渠道分发、用户下载等环节，如下图 10-3 所示。

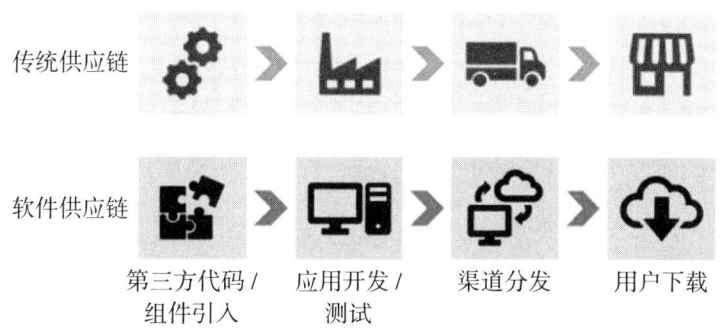

图 10-3　传统供应链与软件供应链示意图

攻击者可以选择软件供应链中的任何一个环节作为攻击目标，达到其最终目的。例如，无论是通过开源还是许可证方式引入的组件，都可能成为网络攻击的潜在入口点。这些入口点包括使用过时的或易受攻击的组件、供应链组件的漏洞、开源软件或应用程序中的漏洞、安全性不高的云环境以及内部威胁等。攻击者也可以通过获取上游级别的访问权限，部署恶意软件，然后顺着供应商和最终用户之间的信任链条向下渗透，进行勒索软件攻击、秘密监视或数据盗窃。

1. 软件开发阶段的攻击

针对软件开发环境的攻击有开发机器被感染病毒木马、开发工具被植入恶意代码和第三方库被污染等攻击方式。

2015年9月14日起，一例Xcode非官方版本恶意代码污染事件逐步被关注，被称为"XcodeGhost"事件。Xcode是由苹果公司发布的运行在操作系统Mac OS X上的集成开发工具（IDE），是开发OS X和iOS应用程序的最主流工具。攻击者通过向非官方版本的Xcode注入病毒Xcode Ghost，当应用开发者使用带毒的Xcode工作时，编译出的应用程序都将被注入病毒代码，从而产生众多携带病毒的应用程序。至少692种应用程序受污染，过亿用户受影响，受影响的包括了微信、滴滴、网易云音乐等著名应用。

2017年7月18日NetSarang公司发布的安全终端模拟软件Xshell被发现有恶意后门代码，该恶意的后门代码会收集主机信息并往DGA的域名发送更多的恶意功能代码。该后门代码可导致用户远程登录的信息泄露，估计十万级别的用户受影响，国内受感染用户在万级以上，是一起严重的软件供应链攻击事件。

2. 软件分发阶段的攻击

软件从开发商到达用户手中的过程都属于软件交付环节，用户通过在线商店、免费网络下载、购买软件安装光盘等存储介质、资源共享等方式获取到所需软件产品的过程。国内针对软件交付环节进行攻击的案例最为广泛，因为攻击成本最低，主要体现在软件捆绑下载安装、下载劫持、物流链劫持等攻击手法。

2017年8月17日，名为WireX BotNet的僵尸网络通过伪装普通安卓应用的方式大量感染安卓设备并发动了较大规模的DDoS攻击，来自Akamai、Cloudflare、Flashpoint、Oracle Dyn、RiskIQ、Team Cymru等组织联合对该事件进行分析，并于8月28日发布了该事件的安全报告。报告发现大约有300种不同的移动应用程序分散在谷歌商店中，WireX引发的DDoS事件源自至少7万个独立IP地址，8月17日，对攻击数据的分析显示，来自100多个国家的设备感染了WireX BotNet。

3. 软件使用阶段的攻击

软硬件产品抵达消费者手中后则属于软件使用环节，而用户在使用过程中，除了产品本身的安全缺陷造成的威胁以外，还可能遭受使用环境等带来的威胁，针对使用环节常见的攻击方式主要有软件升级劫持等。

2017年8月，安全公司截获恶性病毒"Kuzzle"，该病毒感染电脑后会劫持浏览器首页牟利，同时接受病毒作者的远程指令进行其他破坏活动。"Kuzzle"拥有非常高的技术水平，采用多种手段躲避安全软件的查杀，甚至盗用知名安全厂商的产品数字签名，利用安全软件的"白名单"的信任机制来躲避查杀。更严重的是，用户即使重装系统也难以清除该病毒，使用户电脑长期处于被犯罪团伙的控制之下。电脑感染病毒后，浏览器首页会被劫持，谷歌、火狐、360等多款主流浏览器都会被修改为hao123导航站。

4. 软件供应链攻击的影响

软件供应链攻击并不是一个新的攻击方式，已经存在了很长时间，只是随着数字经济的兴起，开源进程加剧，多起用户量大的知名软件、硬件被植入木马后门，影响范围广，风险越来越凸显。

从软件供应链攻击事件的数量来看，大量的软件捆绑、流氓推广等针对供应链下游（交付环节）攻击的安全事件占据了供应链攻击事件的大部分，受影响用户数多在百万级别，并且层出不穷，而这几类针对供应链的攻击可能事实上比流行漏洞导致的安全事件还要多。

从影响面来看，由于基于软件捆绑进行流氓推广的供应链攻击大多采用了白签名绕过查杀体系的机制，从影响用户数来说远超一般的漏洞利用类攻击。而类似于 XcodeGhost 这类污染开发工具针对软件供应链上游（开发环境）进行攻击的安全事件虽然数量不及针对交付环节的攻击，但攻击一旦成功，却可能影响上亿用户。所以，从整体上说供应链安全事件影响的用户数远比一般的漏洞影响还要大。

从场景/环节来看，大部分针对供应链攻击的安全事件主要集中在供应链下游（交付环节），这个环节出现最多的就是软件捆绑一类的攻击，而在开发环境/开发环节进行攻击的事件却偏少，不过这类攻击一旦发生则更为隐蔽，影响更为深远，并且发生在这一环节的攻击多属于国家行为。

从趋势上看，针对供应链各环节被揭露出来的攻击在近几年都呈上升趋势，在趋于更加复杂化的互联网环境下，软件供应链所暴露给攻击者的攻击面越来越多，并且越来越多的攻击者也发现针对供应链的攻击相对针对产品本身的漏洞攻击可能更加容易，且收益更高。

三、软件供应链的安全问题刻不容缓

开源软件具有使用广泛、依赖关系普遍且复杂、开源许可体系繁杂、开源托管平台很大程度上依赖于国外等特点，软件供应链开源化，导致软件供应链的各个环节都不可避免受到开源应用的影响，开源软件安全

成为软件供应链安全的重中之重。

软件供应链安全就是要确保在软件供应链开发生命周期中,来自本身的编码过程、工具、设备或供应链上游的代码、模块和服务的安全,以及软件交付渠道及使用过程安全的总称。

据 Sonatype 发布的《*8th Annual State of the Software Supply Chain*[①]》数据,从 2019 年到 2022 年,软件供应链攻击事件呈现出高发态势,三年间安全事件的年平均增长率达到了 742%。Gartner 预计,到 2025 年全球 45% 的企业的供应链将会遭受攻击,比 2021 年增加了三倍。据 Sonatype 统计数据,截止到 2023 年 9 月,已发现对软件供应链进行攻击的恶意软件包有 245032 个,其数量是过去几年恶意软件包数量总和的两倍,如下图所示。

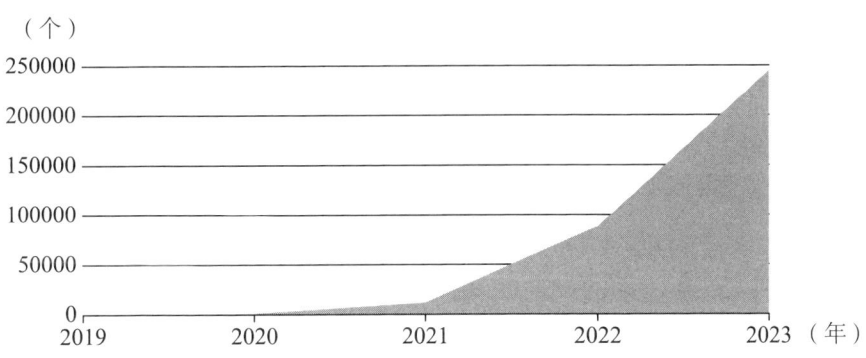

图 10-4　2019—2023 年对软件供应链进行攻击的恶意软件包数量

软件供应链攻击将给企业造成巨大的经济损失。据 SNYK[②]《2023 软件供应链攻击报告》数据,预计到 2025 年,全球供应链攻击给企业带来的成本将达到 600 亿美元;到 2031 年这一成本将高达 1380 亿美

---

① 资料来源:https://www.sonatype.com/resources/2022-software-supply-chain-report
② Snyk Limited,也称 snyk.io,创立于 2015 年,总部位于美国马萨诸塞州波士顿,是一家网络安全公司,开发用于识别开源漏洞的安全分析工具。

元，如下图所示。Juniper 估计，2023 年全球供应链攻击造成的损失接近 460 亿美元，Cybersecurity Ventures 预计，未来八年供应链攻击造成的损失将以每年 15% 的速度增长。

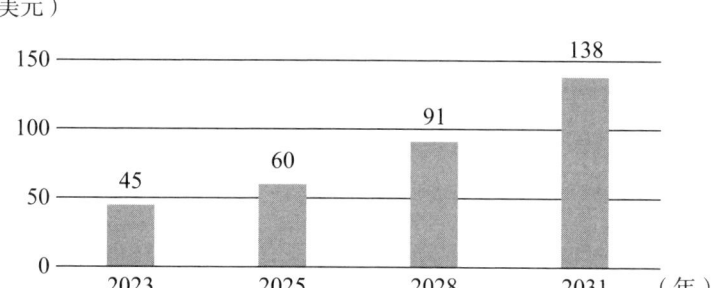

图 10-5　2023—2031 年全球供应链攻击给企业带来的成本

软件供应链攻击具有攻击对象范围广、方式隐蔽、影响范围广、传播性强、危害损失大、攻击效率高、投入产出比高等特点，一直是攻击者热衷的攻击手段。

第 3 节　软件供应链管理面临的挑战和趋势

一、软件供应链安全面临的挑战

当前，软件供应链安全面临的挑战主要包括以下四方面。

（一）开源技术的使用，导致软件供应链安全风险加剧

开源软件已成为网络空间的重要基础设施，需求量正呈爆炸式增长。为了实现企业业务的快速开发和科技创新，开发人员对第三方开源

组件产生了严重依赖,给软件供应链带来两大安全风险:一是嵌入到开发流程中的安全漏洞风险;二是构成法律或知识产权风险的许可证合规及兼容性问题。

(二)云原生技术的兴起,导致软件供应链安全复杂度增加

以容器、微服务、DevOps、不可变基础设施为基础的云原生技术加快了业务响应速度,有效缩短了交付周期,降低了运营成本。然而,云原生技术的发展也极度加大了软件供应链的复杂性,为软件供应链带来了新技术风险和新安全组织模式的双重挑战。

(三)供应链安全治理体系不成熟,导致软件安全治理困难重重

企业在对软件资产及供应链安全治理方面的能力建设仍然存在欠缺,比如缺乏成熟的软件安全管理体系、缺少统一的开源治理公共服务平台、软件成分信息不透明、漏洞识别不全且修复成本过高等,导致软件安全治理困难重重。

(四)网络金融犯罪组织(APT)攻击日益复杂,严重威胁软件供应链安全

现代软件通常依赖于多个开源组件,形成了复杂的依赖网络。APT攻击者通过针对其中的某个开源库或依赖项植入恶意代码,这种行为被称为"供应链投毒"。由于软件开发者通常难以全面追踪所有开源依赖项的安全性,这使得APT攻击者有机会利用小的依赖项漏洞渗透到更大的系统中,从而对软件供应链安全构成严重威胁。

二、软件供应链管理的新趋势

软件供应链管理在现代开发过程中起着至关重要的作用。了解其新

的变化趋势对于降低风险和确保运营效率至关重要。

（一）更加关注开源风险

在开源数量不断增长的环境中，各界都非常关注软件供应链的风险，企业都十分重视有效工具、开发人员满意度和优化工作流程之间的相互作用。具体表现在集成工具的使用比上一年增加 9.8%，对开源风险的认识和关注度同比增长 9.3%，依赖升级决策得到改善同比增长 9.6%，软件供应链管理的舒适性同比提高了 77%。所有这些都表明市场正在成熟，整个行业对易受攻击的开源带来的下游威胁的理解也在不断提高。

（二）采用集成工具

授权开发人员了解和利用安全工具是实现"左移安全"（将安全措施前移到开发周期早期阶段）的关键。同时，构建强大的安全策略和健全的软件开发生命周期（SDLC）对于减轻各种风险（包括供应链攻击）非常重要。

具体工具包括软件成分分析（SCA）、静态应用程序安全测试（SAST）、容器映像扫描等。

（1）软件成分分析

软件成分分析可以自动执行软件安全问题的识别、管理和缓解任务，使开发者能够专注于编写代码。此类工具可以评估开源和第三方代码。其本质是了解软件内部的内容，并准确了解任何第三方组件的位置。

（2）静态应用程序安全测试

静态应用程序安全测试是另一种重要的安全实践，它特别侧重于扫描组织的内部源代码并标记经常被利用的漏洞，例如潜在的注入机会或通常不安全的设计。

（3）容器映像扫描

容器映像扫描对于识别 CI 生成代理映像或应用程序基础映像中的任何风险至关重要。容器扫描工具会持续监视容器漏洞，并修复基础映像和 Dockerfile 命令中使用的任何开源依赖项漏洞。

（三）对软件物料清单（SBOM）的需求增加

了解软件中包含哪些组件对于准确、完整地管理代码至关重要。SBOM 提供了详细的书面文档，说明哪些应用程序包含哪些组件，以及这些组件的许可证、版本和补丁状态，构成了防范供应链攻击的有力武器，包括那些使用恶意软件包的攻击。SBOM 可以提高软件的透明度并记录组件的来源。对于漏洞管理，SBOM 可以支持漏洞的识别和修复。从代码质量的角度来看，SBOM 的存在可能表明供应商在整个软件开发生命周期中使用了安全的软件开发实践。

（四）数字签名成为关键技术

数字签名是开源软件供应链安全管理的重要工具，通过身份验证、完整性保障和信任链构建，能够有效防范供应链攻击和代码篡改。随着供应链复杂度的增加，签名技术将变得更加关键，未来需要更多的自动化工具和更强的密钥管理方法来应对挑战。

三、软件供应链管理法规和标准的建立

2022 年，欧盟网络安全局将软件供应链因软件依赖而受到的损害确定为最重要的新兴威胁。认识到网络威胁对国家安全和经济稳定的深远影响，美国和欧盟率先制定了强有力的监管框架，并提供了实质性指导，以加强对不断升级的网络风险的防御。加拿大、日本、澳大利亚、

德国和其他国家正在通过起草立法和建设能力来阻止网络威胁，从而认识到保护软件供应链的重要性。

（一）美国

2021年5月，拜登总统第14028号行政命令"改善国家的网络安全"规定，软件供应商必须直接向采购方提供SBOM，或者在公共网站上公开其SBOM，并且政府和非政府方面可能都需要查看SBOM，以确保软件产品符合SBOM的最低要求。

2023年3月，美国发布《国家网络安全战略》（NCS），其内容强调了在美国和国际上加强网络安全的紧迫性。NCS涵盖了从基础设施到软件物料清单（SBOM）等领域，强调了安全性在软件设计中日益增长的重要性。此外，它还强调了软件制造商问责制即将发生的变化。

2023年年底，美国网络安全和基础设施安全局（CISA）发布《保障软件供应链安全：管理开源软件和软件物料清单的推荐做法》为在软件供应链中使用开源软件提供了详细指导。

（二）欧盟

2022年9月，欧盟提出《网络弹性法案》（CRA）。一方面，它代表了制造商对其生产的软件产品的安全性负责的改进。另一方面，它也代表了让开源项目和创建者对易受攻击的软件负责，并试图使它们与任何传统供应商保持一致。按照目前的表述，CRA有可能对许多开源项目甚至开源软件的分销商构成重大障碍，从而可能限制他们进入欧盟市场。

（三）加拿大

2022年10月，加拿大网络安全中心发布了2023—2024年国家网络威胁评估报告。该报告强调了五个关键关注领域：勒索软件、关键基础设施、国家支持的威胁、影响行动和颠覆性技术。该报告还列举了远程工作、更多连接系统以及网络犯罪工具激增的风险增加。

2023年2月，网络中心发布了"保护您的组织免受软件供应链威胁"，为保护软件供应链提供了指导和最佳实践。该文档概述了将软件供应链风险降至最低的重要性，包括恶意软件攻击更新的能力，以及修复OSS组件中漏洞的重要性。

（四）美国、日本、印度和澳大利亚

2023年4月，澳大利亚网络安全中心（ACSC）发布了《改变网络安全风险的平衡：设计安全与默认的原则和方法》。它强调安全的责任不应完全落在最终用户身上，这迫使技术制造商将安全作为核心业务目标。为了取得成功，必须在全球范围内转向采用设计安全和默认安全实践，促进制造商和客户之间的透明度、问责制和协作。这就要求制造商对产品安全结果负责，并在做出技术采购决策时优先考虑设计安全原则和默认安全原则。该指南通过倡导主动安全措施和技术生态系统内的共同责任来塑造未来的网络安全政策。

2023年5月，由美国、日本、印度和澳大利亚联合发布了《四方网络安全伙伴关系：安全软件联合原则》概述了四方合作伙伴对加强软件安全的承诺：（1）识别安全风险，（2）促进安全软件文化，（3）最低网络安全准则，（4）与软件行业的接触，（5）安全的软件开发实践，（6）政府采购指引，（7）政府软件使用的安全措施。

（五）中国

2017年6月，中国正式施行《中华人民共和国网络安全法》，旨在保障网络安全，维护网络空间主权和国家安全、社会公共利益，保护公民、法人和其他组织的合法权益，促进经济社会信息化健康发展。

2021年7月，中国正式发布《关键信息基础设施安全保护条例》，旨在建立专门保护制度，明确各方责任，提出保障促进措施，保障关键信息基础设施安全及维护网络安全。

2024年4月，中国国家市场监督管理总局发布了一项国家标准《网络安全技术 软件产品开源代码安全评价方法》（GB/T 43848-2024），于2024年11月实施。其内容覆盖软件产品中的开源代码成分安全的评价要素和评价规程，评价要素涵盖开源代码来源、开源代码安全质量、开源代码知识产权和开源代码管理。为各行业提供开源安全治理规范，明确开源代码度量基线，形成软件产品开源代码安全评价方法。

同年，国家还发布了国家标准《网络安全技术 软件供应链安全要求》（GB/T 43698-2024），确立了软件供应链安全要求体系：明确软件供应链安全目标和核心角色，重点防范供应关系安全风险、技术安全风险、知识产权安全风险；确定总体安全流程，明确组织管理安全要求，和供应活动管理安全要求。

第4节　开源办公室

开源创新并不遵循传统业务流程，对许多企业而言，从拒绝开源到接受并使用开源，这一转变并非轻而易举。越来越多的组织开始认识到开源软件的价值，并希望更好地管理和参与开源项目。

通过建立和维护开源办公室，企业可以更有效地推动开源项目，与开源社区互动，提高软件质量，同时也能够为组织带来更大的创新和影响力。

一、开源办公室全球崛起

早在 2004 年,谷歌就已经成立了开源办公室,也是最早成立的一批开源办公室。在那之后,微软、英特尔、脸书、推特、奈飞等公司也相继成立了开源办公室,Linux 基金会在 2014 年成立了 TODO[①] 组织,专门致力于普及开源办公室工作。

国内互联网大厂,华为、阿里、腾讯、百度、蚂蚁集团、字节跳动、中兴等,也相继设立开源办公室或功能类似的组织机构。在金融、汽车、保险、工业互联网等领域,如微众银行、极氪汽车等,由于供应链依赖和对外开源的需求,也逐渐出现了开源办公室的身影。而且,开源办公室正在从 IT 公司向国外的大学、政府和民间机构进行外溢,开源办公室在国外逐渐成为一种潮流。比如,2022 年,加州大学的开源办公室 UCSC OSPO 正式成立。TODO 统计数据显示,现阶段,成立开源办公室的企业已达到上百家。越来越多的公司成立开源办公室表明,企业对开源越来越重视。

根据 TODO 的定义,开源办公室(Open Source Program Office,OSPO),也叫开源项目办公室,被设计为组织的开源运营和结构的能力中心,负责制定和实施战略与政策来指导开源工作。具体包括:负责设置代码使用、分发、选择、审核和其他策略;为参与开源的人员提供教育和培训;确保法律合规性以及促进和建立社区参与,从而从战略上使组织受益。

对内,开源办公室可作为企业开源核心主体(例如开源委员会,开源技术委员会等形式)的办事机构,系统性地统筹企业针对开源的整体

---

① Linux Foundation 2014 年成立了 TODO 工作组,它是一个开放的实践者社区,旨在创建和分享知识,在实践、工具和其他方式上进行协作,以成功、有效地运行开源办公室或类似的开源计划。

战略，并基于战略方向和投入打造相应的项目孵化机制、项目运营策略、通用开源工具，从而提高整体资源使用效率，以及企业开源的整体平均水位。对外，开源办公室所扮演的是企业在开源侧的"外交专员"角色，负责涉及政、产、学、研、用的开源生态，通过自身的专业性和价值主张，促进双赢多赢合作。

二、开源办公室的职责

2004 年 Chris DiBona 创建了谷歌的开源办公室，开始推动谷歌完善开源战略，并带领一个团队专门负责帮助谷歌员工如何发布开源项目、贡献代码，以及确保所有团队和产品都满足开源许可协议的要求。为了保持开源生态系统的健康运作，谷歌开源办公室主要致力于开展开源项目。同时，定期举办技术会议，传播开源软件创立的优势与实用性。谷歌开源办公室还负责开发和运营谷歌 Summer of Code 等项目，该项目在暑假期间为来自世界各地顶尖大学和学院的学生提供由专业导师的培训、指导，自主创建代码的机会。谷歌开源办公室始终遵循三项重要原则：（1）帮助谷歌员工使用开源，（2）向社区公开源代码，（3）支持全球更广泛的开源生态系统。

微软的开源办公室拥有数万名员工，致力于帮助开发人员、营销团队和其他参与云服务、硬件和软件产品、游戏、内容、媒体和其他产品线开源的人。每个部门根据其各自的业务模式和参与场景提供不同的帮助。

腾讯于 2019 年成立了开源管理办公室，下设项目管理委员会、腾讯开源联盟和开源合规组三大组织，旨在自上而下地传递腾讯开源策略，自下而上地落地开源技术生态。同时，通过开放的开源评审平台，孵化和培育优秀的自主开源项目。此外，腾讯开源办公室还为开发者们提供与国内外开源基金会和开源社区合作交流的机会，将优秀的项目有效回馈给社区，建立起以开源为核心的技术生态圈。

华为的开源历程经历了好几个阶段。20多年前，在华为核心业务还是以做硬件为主的时候，华为就开始逐渐使用开源软件。当时华为的开源办公室主要解决的问题是如何选好开源软件，如何支撑业务发展，如何合规使用。十多年前，华为的业务从传统产业转向IT产业，计算业务、云业务都涉及大量开源软件。在这个阶段，除了使用开源，华为还贡献开源，甚至对一些自有的优势项目进行开源，来构建一个产业生态，从整个共享生态当中获益。此阶段开源办公室的主要职能是构建开源战略，构建整体的产业生态。此外，华为开源办公室的职责还包括识别重要的、关键的开源领域，构建开源文化，提升技术影响力，把整个生态做大做强。

对于每家企业来说，开源办公室的角色可能会根据其业务、产品和目标进行自定义配置。每一家企业的开源项目办公室的职责都是多种多样，根据艾瑞咨询《中国开源基础软件产业研究白皮书2023》，开源办公室（OSPO）的工作职责大致如下图所示。

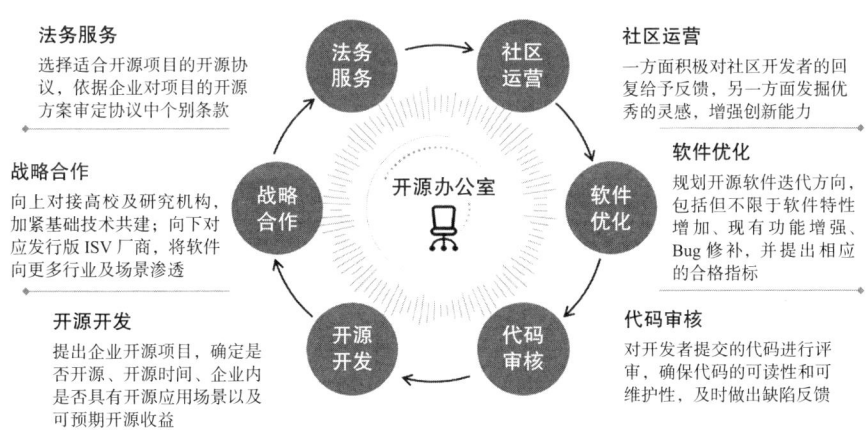

图10-6 开源办公室职责

（1）战略合作

开源办公室需要制定企业的开源战略、开源政策，确定开源项目的目标和方向，以及如何与开源社区进行合作。

（2）法务服务

开源办公室要选择适合开源项目的开源协议，确保开源项目的许可证合规性，以遵守开源软件的许可条款。

（3）社区运营

开源办公室可能会协助管理开源社区，与社区成员互动，解决问题，促进合作和协作，促进员工参与开源项目，支持员工贡献代码、文档、反馈、软件优化等。

（4）代码审核

对开发者提交的代码进行审核，确保代码的可读性和可维护性，及时做出缺陷反馈。

（5）开源开发

开源办公室负责协调和管理组织内部的开源项目，包括是否开源、开源时间、开源项目规划、开发、发布和维护，可预期开源收益等。

（6）软件优化

规划开源软件迭代方向，包括但不限于软件特性增加、现有功能增强、bug 修补等，并提出相应的合格指标。

小　结

开源软件供应链安全稳定关系国家数字安全，各级领导干部首先要有这方面的意识，充分认识其重要性。华为等企业在开源软件供应链安全方面积累了丰富的经验，可供我们学习参考。要确保开源软件供应链安全，需要制度保证，开源办公室应运而生。对于各级地方政府来说，设立开源产业办公室有助于加强相关工作的领导；对于企业来说，设立开源办公室是确保开源软件供应链安全稳定的制度保证。

第 11 章

开源合规治理体系

开源以开放、平等、协作和共享的模式，可以突破技术壁垒，推动技术创新。但因为开源生态的多样性与不确定性，不稳定因素增多，问题与风险发生概率高，给企业带来机遇的同时也带来了多重挑战。如何进行有效的开源安全治理，成为企业亟需解决的问题。从目前的发展形势来看，开源应用主要面临的风险为管理风险、技术风险、安全风险及合规风险。第十一章全面讨论了开源安全治理体系，指出开源项目在安全治理上面临的挑战，如漏洞广泛影响、依赖管理复杂性、修复及时性、沟通协调困难等。通过 Log4j 和 Heartbleed 事件，揭示了开源软件的供应链风险、漏洞发现和修复的时间差、版本管理更新推广的难题、资源不足、责任划分不清晰等问题。同时，本章还探讨了开源代码合规治理的挑战，包括开源许可证的多样性和复杂性，以及企业在使用开源代码时可能面临的法律和财务风险。此外，还介绍了开源代码安全治理体系的组成，包括政策要求、体系框架和关键技术措施，以及开源项目的安全治理实践。

第 1 节　开源代码合规的治理挑战

开源代码合规的治理挑战源于开源软件的多样性和复杂性。开源项目通常由多个组件和库组成，这些组件和库可能具有不同的开源许可证，每种许可证都有其特定的要求。这种复杂性使得确保合规变得困难。企业在使用开源代码时，如果未遵守相应的许可证条款，可能会面临法律、财务、和声誉等多方面的风险。以下是几个典型案例，展示了开源代码合规管理中的挑战和风险。

一、甲骨文（Oracle）与谷歌（Google）法律纠纷

甲骨文与谷歌之间的法律纠纷始于 2010 年，当时甲骨文起诉谷歌侵犯其 Java 的版权。甲骨文声称谷歌在其安卓操作系统中使用了未经授权的 Java API，违反了甲骨文的知识产权和 GPL 许可证。本案涉及版权法、公平使用原则、API 的可版权性等复杂法律问题。核心争议点包括 API 的可版权性，甲骨文主张 Java API 的结构、序列和组织受版权保护，谷歌认为 API 是功能性的，不应受版权保护。

这场诉讼案持续了 10 年，最终美国最高法院裁定谷歌胜诉。

- 2010 年：甲骨文起诉谷歌，声称其侵犯了与 Java 相关的专利和版权。
- 2012 年：第一次审判，陪审团裁定 Google 未侵犯甲骨文的专利。
- 2014 年：联邦巡回上诉法院推翻了地区法院的裁决，认为 API

可以受版权保护。

- 2016 年：第二次审判，陪审团裁定谷歌的使用属于"合理使用"。
- 2018 年：联邦巡回上诉法院再次推翻地区法院裁决，认为谷歌的使用不属于合理使用。
- 2019 年：美国最高法院同意受理此案。
- 2021 年：最高法院以 6-2 的表决结果裁定 Google 胜诉。

美国最高法院裁定谷歌胜诉。虽然法院假定 Java API 可能受版权保护，但没有明确裁定这一点。法院认为谷歌对 Java API 的使用构成"合理使用"。法院强调了兼容性和互操作性的重要性，以及允许程序员利用他们已有知识的必要性。

这个案例深刻地说明了软件行业知识产权问题的复杂性，以及技术创新与法律保护之间的微妙平衡。它不仅影响了谷歌和甲骨文，还为整个软件行业的发展方向提供了重要指引。

二、思科（Cisco）违反 GPL 案例

2008 年 11 月，FSF 声称，思科以 Linksys 品牌销售的各种产品违反了 FSF 拥有版权的许多程序的许可条款，其中包括 GCC、GNU Binutils 和 GNU C 库。这些程序大多采用 GPL 许可证，少数采用 LGPL 许可证。思科承认使用了开源软件，但声称已尽力遵守许可证要求。表示愿意与 FSF 合作解决问题。思科最终与 FSF 达成和解，其中包括思科任命一名董事确保 Linksys 产品符合自由软件许可证的规定，以及思科向 FSF 提供一笔未披露的财务捐助[①]。

---

① Free Software Foundation, Inc. v. Cisco Systems, Inc.（https://en.wikipedia.org/wiki/Free_Software_Foundation,_Inc._v._Cisco_Systems,_Inc.）

思科 GPL 违规案例是开源合规历史上的一个重要里程碑。它不仅影响了思科的做法，也为整个科技行业敲响了警钟，强调了严格遵守开源许可条款的重要性。特别是类似思科这种大型企业如何确保其庞大的产品线中所有开源组件的合规性，不合规使用开源代码可能导致面临法律诉讼和财务风险。这个案例的影响一直持续到今天，塑造了当前企业对开源软件管理的许多最佳实践。

三、Artifex 与 Hancom 法律纠纷

Artifex Software 是 Ghostscript 软件的开发者。Ghostscript 是一个广泛使用的开源 PostScript 和 PDF 解释器，采用 GNU 通用公共许可证（GPL）发布。Hancom 是一家韩国软件公司，开发了一款名为"Hangul"的办公套件软件，类似于 Microsoft Office。Hancom 在其 Hangul 软件中使用了 Ghostscript 来处理 PDF 文件。据 GPL 条款，Hancom 应该选择以下两种方式之一：将使用 Ghostscript 的 Hangul 软件源代码开放，或者向 Artifex 购买商业许可。然而，Hancom 既没有开放源代码，也没有购买商业许可。

2017 年，Artifex 在加利福尼亚北区联邦地区法院起诉 Hancom。Artifex 声称 Hancom 违反了 GPL 许可证条款，构成版权侵权和违约。Hancom 试图通过动议驳回诉讼，声称：GPL 不是一个可执行的合同。即使是合同，也缺乏必要的要素（如对价）。法官驳回了 Hancom 的动议，认为 GPL 可以作为有效的合同强制执行。法官指出，开源软件的免费使用本身就可以视为对价。在法院驳回动议后，双方最终达成了和解，具体条款未公开。

这个案例强化了 GPL 作为一个可执行合同的法律地位，为开源许可证的执行提供了重要的法律支持。案例表明，企业不能轻视开源软件的许可条款，即使是免费获得的软件也有严格的使用条件。

第2节 开源代码合规治理的体系组成

开源代码合规治理的体系是一个复杂而全面的框架，旨在确保企业在处理开源代码时能够遵循法律、社区规则及内部政策。

（一）政策与策略制定

1. 开源使用政策

这一体系首先要求企业制定明确的政策与策略，涵盖开源软件的使用、贡献和发布。企业需明确允许使用的开源许可证类型（如 MIT、GPL、Apache 等），制定评估和选择开源项目的标准，并规定代码的内部使用和商业化利用限制。

2. 贡献政策

同时，对于员工向外部开源项目的贡献，企业也需设定相应的政策和审批流程，以确保贡献活动与企业利益相协调。该政策需要包括确定允许员工参与哪些开源项目、规定贡献前的审批流程；如何处理企业知识产权与开源贡献之间的平衡等。

3. 开源发布策略

企业在发布开源项目时，需明确开源发布策略，规定哪些项目可以公开发布，以及使用哪种许可证发布。这通常需要评估项目的市场价值和影响、确定许可证（如 GPL、MIT）、制定代码发布流程。

（二）开源许可证合规管理

在开源许可证合规管理方面，企业需借助工具来扫描项目中的开源代码，检测所使用的许可证类型，并确保这些许可证与公司的政策相符。许可证管理工具帮助自动检测代码中的开源组件和许可证，确保代码库中的许可证兼容性和识别潜在的许可证冲突或合规风险。

此外，为开发者和法律团队提供开源许可证培训，以及建立定期的开源代码审核流程，也是确保合规的重要环节。

（三）开源代码清单与管理

开源代码清单与管理是另一关键部分，包括建立全面的开源代码清单，记录项目中所有使用的开源组件、版本及其许可证信息。通过版本控制工具记录每个开源组件的使用历史和更改，有助于在发现问题时快速追溯并修复。

（四）开源安全管理

开源安全管理同样不可忽视，企业需定期扫描开源代码的安全漏洞，并建立开源组件的定期更新和补丁管理制度。在内部流程与自动化工具方面，企业应制定开源代码审批流程，并使用自动化工具来监控和管理开源合规。

（五）内部流程与自动化工具

1. 开源代码审批流程

制定内部审批流程，确保在引入新的开源代码之前，开发者提交的代码经过合规审核，包括许可证和安全性评估。此流程应包括：

- 开发者提交申请使用开源代码；
- 法律和合规团队审核开源代码许可证；
- 安全团队评估代码中的潜在风险。

2. 自动化工具的使用

企业可以使用自动化工具来监控和管理开源合规，包括以下几种方式。

- 代码审查机制：使用静态代码分析工具（如 Sonar Qube 或 Checkmarx）、动态代码分析工具（如 OWASP ZAP 或 Burp Suite）和人工代码审查。
- 漏洞管理工具：使用漏洞扫描工具（如 Nessus 或 Qualys）和漏洞数据库（如 NVD）进行定期扫描和跟踪。
- 依赖项管理工具：使用软件组成分析（SCA）工具（如 OWASP Dependency-Check 或 Snyk）进行依赖项扫描和更新。
- 安全编码工具：使用代码分析工具和 IDE 插件强制执行安全编码规则，并提供实时安全建议。
- CI/CD 中的安全措施：在 CI/CD 管道中集成安全扫描和测试，实施安全门控，防止不安全的代码进入生产环境。

（六）开源合规组织与角色分工

开源合规组织与角色分工也是体系中的重要组成部分，包括指派专人或团队负责监督开源合规事务，以及法律团队和开发者在合规中的关键角色。

（七）开源社区参与与反馈

企业还应积极参与开源社区，贡献代码和资源，并建立与社区的良好关系。定期组织内部培训和研讨会，帮助开发者和管理层了解最新的开源合规趋势和工具，也是提升合规水平的有效途径。

（八）审计与合规报告

审计与合规报告是确保体系有效运行的关键环节。企业需定期对开源合规流程进行内部审计，并在必要时邀请第三方审计机构进行审核，以确保符合行业标准和法规要求。

综上所述，开源代码合规治理体系涉及多个层面，通过有效的合规治理，企业能够在使用开源代码的同时规避法律和安全风险，推动创新和技术发展。

开源代码合规治理体系是一个多层次、多维度的体系，旨在确保开源代码的安全性、可靠性和合规性。该体系通常包括策略制定、流程实施和技术措施三个关键组成部分。通过这三个部分的协同工作，实现对开源代码从引入到使用的全过程的安全管理。

首先，策略层面为开源代码安全治理体系奠定了坚实的基石。它明确了开源软件的使用范围、审批流程以及必须遵守的安全要求等核心要素。通过建立科学合理的分级系统，组织能够根据不同开源组件的重要性和潜在风险，灵活调整使用审批的严格程度。同时，制定全面的评估标准，涵盖安全性、稳定性、社区活跃度等多个维度，有助于组织在引入新开源组件时做出更加明智的决策。此外，策略层面还制定了详尽的漏洞响应策略、安全编码规范以及许可合规策略，为组织提供了全方位的安全指导。

其次，流程层面将策略层面的指导思想转化为具体可操作的步骤，全面覆盖了开源软件从引入到退出的整个生命周期。通过建立完善的请求和审批机制，组织能够确保所有开源组件的引入都经过严格的审查和评估。同时，实施定期的代码审查、漏洞扫描和监控，以及依赖项的及时更新，有助于组织及时发现并修复潜在的安全隐患。此外，流程层面还涵盖了漏洞管理、组件退出以及安全事件响应等多个关键环节，确保了安全实践的有效执行和持续改进。

最后，技术措施层面为开源代码安全治理体系提供了强大的技术支撑。它提供了包括代码审查机制、漏洞管理工具、依赖项管理工具、安全编码工具以及 CI/CD 中的安全措施等一系列具体工具和方法。这些技术措施能够帮助组织更加有效地实现安全目标，提升代码的质量和安全性。通过利用这些先进的技术手段,组织能够更加准确地发现和修复潜在的安全漏洞,降低安全风险,确保开源代码的安全性和可靠性。同时,技术措施的不断更新和优化也为组织提供了持续改进和提升安全治理能力的可能。

关键的技术措施包括以下几个方面。

- 代码审查机制:使用静态代码分析工具(如 SonarQube 或 Checkmarx)、动态代码分析工具(如 OWASP ZAP 或 Burp Suite)和人工代码审查。

- 漏洞管理工具:使用漏洞扫描工具(如 Nessus 或 Qualys)和漏洞数据库(如 NVD)进行定期扫描和跟踪。

- 依赖项管理工具:使用软件组成分析(SCA)工具(如 OWASP Dependency-Check 或 Snyk)进行依赖项扫描和更新。

- 安全编码工具:使用代码分析工具和 IDE 插件强制执行安全编码规则,并提供实时安全建议。

- CI/CD 中的安全措施:在 CI/CD 管道中集成安全扫描和测试,实施安全门控,防止不安全的代码进入生产环境。

开源代码合规治理体系的策略、流程和技术措施相互依存、相互支撑。良好的策略为流程和技术措施的实施提供了指导;有效的流程确保了策略的落实和技术措施的合理应用;先进的技术措施则为策略的制定和流程的优化提供了可能性。通过建立和持续改进这样一个全面的安全治理体系,组织可以在享受开源软件带来的创新和效率优势的同时,有效管理和降低相关的安全风险。

1. 开源代码安全治理的开放标准

开源代码安全治理涉及多个层面的标准,这些标准为组织提供了指导和最佳实践,有助于建立全面、有效的开源安全治理体系。

- Open Web Application Security Project(OWASP):OWASP 发布

的各种指南和工具，如 OWASP Testing Guide 和 OWASP Code Review Guide，为开源代码的安全测试和代码审查提供了行业认可的方法。

- OpenSSF Scorecard：开源安全基金会（OpenSSF）开发的这个工具提供了一种评估开源项目安全实践的标准方法。
- CII Best Practices Badge Program：由 Linux 基金会的核心基础设施倡议（CII）推出，这个项目为开源软件项目提供了最佳安全实践的自我认证。
- OpenChain Project：虽然主要关注开源许可合规，但 OpenChain 项目还提供了与开源软件管理相关的最佳实践，包括安全方面。
- 软件包数据交换（SPDX）：这个标准为软件物料清单提供了一个开放的标准格式，有助于追踪和管理软件组件，包括开源组件。

这些标准和框架共同构成了开源代码安全治理的基础。它们提供了全面的指导，涵盖了从代码质量、漏洞管理到供应链安全等多个方面。组织可以根据自身需求和风险状况，选择适当的标准来构建和完善其开源代码安全治理体系。

第 3 节 开源项目的安全治理实践

开源项目的安全治理是确保软件质量和安全性的关键环节，开源项目的安全治理不仅包括代码的安全性，还涉及许可证合规性、贡献者管理和社区互动等多个方面。红帽公司是全球领先的开源技术供应商，以其强大的开源软件产品和服务著称。红帽不仅在其 Fedora 社区中实施了严格的安全治理措施，还在其商业化产品（RHEL）中展现了卓越的安全治理能力。

一、红帽公司 Fedora 开源社区实践

Fedora 是红帽赞助的一个面向个人桌面用户的 Linux 发行版，以其新颖、多功能和自由的特性著称，也是红帽公司 Enterprise Linux 的上游项目。红帽公司在 Fedora 项目中的角色不仅仅是贡献者，还包括协调者和监督者，确保所有代码贡献符合高标准的安全性和稳定性要求。

Fedora 在安全治理方面实施了一系列有效的措施，确保其代码库的安全性和稳定性。

1. 开源许可证和合规性

Fedora 社区严格遵守开源许可证的要求，确保所有贡献的代码都符合相关的法律法规。所有贡献者在提交代码之前，必须同意 Fedora 项目的贡献者许可协议（CLA），确保代码的合法性和合规性。

2. 代码审查和安全测试

Fedora 社区对所有提交的代码进行严格的审查和测试。每个代码提交都必须经过同行评审，确保代码的质量和安全性。社区还采用了一系列自动化工具进行静态和动态分析，及时发现和修复潜在的安全漏洞。

3. 安全补丁和漏洞管理

Fedora 社区维护一个公开的安全漏洞数据库，及时发布安全公告和补丁。安全团队与开发者和用户紧密合作，确保漏洞在发现后的最短时间内得到修复和发布。通过这种快速响应机制，Fedora 社区能够有效地减少安全风险，保障用户的安全。

通过 Fedora 社区，红帽得以快速验证新技术，并在社区反馈的基础上不断优化和完善。这种社区驱动的实践模式，确保了 Fedora 的安全性和稳定性，同时也为红帽的商业产品提供了坚实的技术基础。

二、红帽公司商业化产品的治理实践

红帽公司 Linux（RHEL）是红帽公司的旗舰产品，以其企业级的稳定性、安全性和支持而著称。RHEL 的开发和维护遵循严格的安全治理流程，包括代码审查、安全测试、漏洞管理等。红帽公司通过持续的安全投入和创新，确保了 RHEL 产品的安全性和可靠性。

（一）安全策略和政策

红帽公司制定了全面而严格的安全策略和政策，涵盖从开发到部署的整个生命周期。安全策略包括代码审查、自动化安全测试和漏洞管理。所有代码在进入生产环境前，必须经过严格的安全审查和测试。红帽公司还建立了详细的安全策略文档，确保所有开发人员和贡献者都能遵循最佳安全实践。

（二）响应和修复机制

红帽公司建立了快速响应和修复机制，确保在发现安全问题时能够及时采取措施。专门的安全响应团队负责监控和处理安全事件，与项目维护者和社区紧密合作，确保问题得到迅速解决。红帽公司提供详细的漏洞公告和修复说明，并通过其更新服务及时发布补丁，帮助用户迅速修复系统中的安全问题。

（三）合规性管理

红帽公司通过严格的合规性管理，确保所有开源项目都遵循相关的法律法规和许可证要求。合规性管理团队对所有使用的开源组件进行许可证检查，确保符合公司政策和法律要求。定期审查代码库，识别和解决潜在的许可证冲突，提供法律支持和咨询服务，帮助开发人员和项目维护者理解和遵守开源许可证条款，确保所有开发活动符合法律法规。

（四）贡献者管理

红帽公司积极参与开源社区，鼓励员工和外部贡献者参与开源项目。所有外部贡献者必须签署贡献者许可协议（CLA），确保其贡献的代码符合公司的政策和开源许可证要求。红帽公司为贡献者提供技术支持和资源，帮助他们理解和遵守项目的贡献指南和安全要求，提供培训和指导，提升技能和贡献质量。

（五）社区互动

红帽公司鼓励员工积极参与开源社区，贡献代码、修复漏洞和提供技术支持。员工积极参与社区项目，贡献高质量的代码和修复补丁，增强公司在开源社区中的影响力。提供技术支持和指导，帮助社区成员解决技术问题，提升项目的稳定性和安全性。组织技术分享会和培训，促进社区成员之间的知识交流和合作。红帽公司发起了 The Open Source Way 指南[①]，总结并提炼开源社区的最佳实践，推动整个开源生态系统的发展。

（六）教育培训

红帽公司提供全面的教育和培训计划，帮助员工和社区成员提升安全意识和技能。开发和提供一系列安全培训课程，涵盖安全编码实践、漏洞检测和修复、合规性管理等内容。定期组织技术分享和研讨会，邀请内部和外部专家分享最新的安全技术和最佳实践，促进知识交流和能力提升。提供丰富的在线资源和文档，包括安全指南、最佳实践、工具

---

① The Open Source Way 指南 https://www.theopensourceway.org/

使用说明等，帮助开发人员和贡献者快速掌握安全技能和知识。

红帽公司的开源项目治理实践证明了开源模式在企业级应用中的可行性和优势。通过制定严格的安全策略、建立快速响应机制、管理贡献者、与社区互动以及提供教育培训，红帽公司不仅确保了其产品的安全性和可靠性，也为开源社区的健康发展做出了重要贡献。这些实践为其他企业提供了宝贵的参考和借鉴，展示了开源项目安全治理的最佳实践。

小　结

通过本章的分析，我们深刻认识到开源安全治理对于保障信息安全和业务安全的重要性。企业数字化转型越来越多地开始采用开源解决方案，难以避免地面临技术风险、管理风险、安全风险、合规风险等重要挑战。在国际贸易中，欧盟已对进口商品明确提出开源合规的要求，开源合规也逐渐被纳入ESG（Environmental, Social and Governance，环境、社会和公司治理）的指标体系。开源合规的重要性日益显现。面对日益复杂的开源项目安全挑战，全球范围内的政策制定者、开源社区、企业及开发者需共同努力，建立有效的安全治理体系。通过加强策略制定、流程实施和技术措施，确保开源软件的安全性、可靠性和合规性，从而推动开源生态的健康发展。

第 12 章

开源方法论

　　方法论是指解决具体问题时所使用的方法、思维方式和模式。正确的方法论是取得成功的关键，方法论的重要性不亚于行动本身。第十二章详细探讨了开源方法论，包括其开发组织模式、文化驱动及在社区治理中的应用。章节回顾了开源项目开发方法的演变，介绍了 Apache 等成功项目的治理模式，并强调了开源文化中的透明、协作、共享等核心价值观。同时，探讨了开源社区治理的多种模式及其关键原则，如贡献者行为准则、精英制、导师制等，展现了开源方法论在促进技术创新和社区繁荣中的重要作用。

第 12 章 开源方法论

第 1 节 开源项目的开发和组织模式

开源项目开发方法的演变是一个漫长而富有启发性的过程，反映了技术进步、协作模式和社会认知的变迁。早期，开源项目依赖于开发者个体的兴趣和贡献，随着项目复杂度的提升，逐渐形成了更加系统和规范的开发流程。这些流程包括代码托管、版本控制、问题追踪、社区治理等多个方面，确保了项目的可持续性和可维护性。

一、开源项目开发方法的演变

在开源运动的早期，项目开发往往采用较为简单的方法，主要依赖于邮件列表和版本控制系统进行协作。20 世纪 90 年代，随着 Linux 操作系统的崛起，开源软件进入了新的阶段。林纳斯·托瓦兹（Linus Torvalds）创建了 Linux 内核，并采用了开放开发模式，吸引了全球成千上万的开发者参与。埃里克·雷蒙德（Eric Steven Raymond）在其著名的论文《大教堂与集市》中描述了这种早期模式，他将传统的软件开发比作建造大教堂，而开源开发则如同热闹的集市。Raymond 指出："好的软件，就像好的葡萄酒一样，需要时间来酿造。对于 Linux 来说，这意味着频繁的版本发布、授权给用户代理的最大程度，以及乐于接受用户的贡献。"

Linus Torvalds 在 2005 年创建的 Git 分布式版本控制系统标志着开源项目开发的一个重要转折点。Git 的出现极大地改变了开源项目的协作方式,使得分布式开发和并行工作流成为可能。Torvalds 在 Git 的设计文档中所述:"Git 支持非线性开发过程,可以处理任何类型的项目,从小到大。"

敏捷开发方法论的兴起也对开源项目产生了深远影响。许多开源项目开始采用 Scrum 或 Kanban 等敏捷实践,以提高开发效率和响应速度。正如敏捷开发宣言①的作者之一肯特·贝克(Kent Beck)所言:"个体和互动高于流程和工具",这一理念与开源精神不谋而合。

持续集成和持续部署(CI/CD)的引入是开源项目开发方法演变的另一个里程碑。马丁·福勒(Martin Fowler)在其有关持续集成(Continuous Integration)的文章中指出:"持续集成是一种软件开发实践,团队成员频繁地集成他们的工作,通常每个成员每天至少集成一次。"② 这种方法大大提高了开源项目的质量和发布频率。

近年来,开源项目管理工具的发展为协作提供了更多可能性。GitHub、GitLab 等平台不仅提供了代码托管,还集成了问题追踪、代码审查等功能,成为开源项目的中心枢纽。GitHub 联合创始人汤姆·普雷斯顿·沃纳(Tom Preston-Werner)所说:"GitHub 是一个发现、分享和构建更好软件的地方。"

二、开源项目的角色

开源项目中存在多种不同角色,每个角色都对项目的开发和管理起着关键作用,共同推动项目的持续发展和创新。开源项目的角色结构与传统软件开发项目有着显著的差异。这些差异反映了开源模式的独特

---

① 敏捷开发宣言(https://agilemanifesto.org/iso/zhchs/manifesto.html)
② 马丁·福勒(Martin Fowler)有关持续集成(Continuous Integration)的文章 https://martinfowler.com/articles/continuousIntegration.html

性,以及它如何促进更广泛的参与和协作。

(一)开源项目的角色

开源项目通常包含以下主要角色。

- 贡献者(Contributor):任何为项目提供代码、文档、测试、设计或其他资源的个人。这是最基础也是最广泛的角色,类似于初级开发人员,但范围更广,包括非技术贡献。在传统的闭源项目中,外部参与者的能力和权限通常受限,主要由内部团队负责开发和维护。在开源项目中,任何对项目感兴趣并有能力做出贡献的人都可以成为贡献者。
- 提交者(Committer):有权直接向项目主干提交代码的个人。他们通常是经验丰富的贡献者,被赋予了更多的项目权限。提交者类似于高级开发人员,但权限更加明确,通常是通过长期贡献获得的。在传统项目中,提交代码的权限通常由项目经理或主要开发人员控制,需要通过中央管理层的审批和授权。
- 维护者(Maintainer):负责项目某个特定部分或模块的核心成员。他们不仅贡献代码,还负责代码审查、问题跟踪、版本管理和功能规划。维护者类似于技术领导或模块负责人,但更强调社区互动和指导新贡献者。在传统项目中,维护者通常由项目经理或主要开发人员负责,专注于项目的管理和日常运作。
- 组织者(Organizer):负责社区管理、活动组织和协调不同团队工作的成员。他们在建立社区文化和促进协作方面发挥重要作用。组织者类似于项目经理,但更侧重于社区建设和外部关系管理。在传统项目中,组织者通常由项目管理人员或专业的活动策划人员负责,专注于项目内部的管理和协调。
- 委员会成员(Committee Member):在大型项目中,委员会负责制定项目的长期战略、重大决策和冲突解决。他们通常是项目中最有经验和影响力的成员。委员会成员类似于高级管理层，但通常是由社区选举产生的，更加民主化。在传统项目中，决策和战略规划通常由高级管理层或项目领导团队负责，决策过程相对封闭和集中化。

（二）Apache方法论

Apache软件基金会（ASF）是开源社区的典范，其项目管理模式被称为"The Apache Way"，其开放、透明、社区驱动的管理模式充分体现了开源项目的治理特色。

- 项目管理委员会（PMC）：每个项目都有一个PMC，负责项目的监督和指导。PMC成员由社区选举产生，确保项目的决策更加民主和透明。
- 贡献者和提交者：任何人都可以成为贡献者，提交代码和文档。贡献者可以通过社区的审查和认可成为提交者，参与代码的审查和提交。
- 社区治理：Apache基金会强调社区的参与和治理，鼓励社区成员参与项目的决策和规划。
- 透明度：所有项目决策和讨论都是公开的，社区成员可以随时了解项目的最新动态和进展。

通过以上角色和管理模式，Apache基金会成功地推动了许多知名的开源项目，如Apache HTTP Server、Apache Hadoop等，展示了开源项目管理模式的优势和潜力。这种模式不仅促进了技术创新，还增强了项目的可持续性和社区的凝聚力。Apache基于角色的开发模式不仅提高了项目的管理效率，还培养了强大的社区文化，成为许多开源项目的典范。

三、开源社区的组织和治理

开源社区的组织和管理也经历了显著的演变。早期的开源项目多依赖个人和志愿者，缺乏系统的管理和支持。随着开源项目规模和复杂性的增加，社区治理变得越来越重要。Apache 软件基金会（ASF）是成功的开源社区治理的典范。ASF 采用"治理结构和贡献者驱动"的模式，确保项目的持续发展和高质量输出。Jim Jagielski 在《The Apache Way》中详细描述了这一模式的原则和实践，强调透明、开放和社区共识的重要性。

开源组织的出现为开源项目提供了更广泛的支持和资源。Linux 基金会、Mozilla 基金会等组织通过提供法律、财务和技术支持，推动了多个重要开源项目的发展。这些组织不仅促进了技术创新，还推动了开源文化的传播和开源生态系统的建设。

开源项目开发方法的演变和开源社区治理模式的变化反映了从个体英雄主义到大规模协作的转变，从简单工具到复杂平台的进步，以及从封闭系统到开放生态的转型。这一演变过程不仅改变了软件开发的方式，也深刻影响了整个技术行业的创新模式。

第 2 节 开源文化对开源社区治理的驱动

一、开源文化的价值观

开源文化是开源运动的灵魂，它不仅塑造了开源社区的价值观，也深刻影响了社区的治理方式。开源文化的核心价值观包括透明、协作、共享和创新，这些价值观驱动着开源社区的发展和治理模式的演进。开源专家乔诺·贝肯（Jono Bacon）在《社区的艺术》（The Art of Community，2009 年出版）中指出："社区治理不仅仅是关于规则和流程，更是关于如何培养一种文化,让人们能够自由地贡献和创新。"

开源文化的核心价值观,包括奉献精神、感恩意识、开放精神、勇敢精神、追求持续进步的精神以及按照劳动获得公平价值回报的精神,共同构成了驱动开源社区治理的重要力量[①]。

- 奉献精神:开源技术是建立在无数开发者的无私奉献基础之上的。开发者们不仅贡献自己的代码,还通过撰写文档、解答问题等方式,为社区的发展贡献智慧和力量。这种奉献精神促使开源社区不断壮大,推动技术的持续进步。

- 感恩意识:开源社区的成员深知自己能够享受这个巨大的知识宝库,得益于无数前人的积累。因此,他们怀有感恩之心,愿意将自己的劳动成果回馈给社区,继续推动知识的共享和进步。

- 开放精神:开源文化的核心在于开放。互联网作为一个开放的平台,使得共享的成果能够迅速传播到世界各地。开源社区鼓励成员们公开源代码,促进技术的交流和进步。这种开放精神不仅加速了技术的迭代,也促进了创新思想的碰撞。

- 勇敢精神:开源技术的贡献者在将自己的创新成果公开时,面临着被商业软件开发者剽窃或被同行挑剔的风险。然而,他们依然选择开源模式,展现了勇敢的精神。这种勇敢不仅是对自己技术的自信,也是对开源文化理念的坚定信仰。

- 追求持续进步精神:开源社区通过不断技术共享和创新,形成了一个良性循环。个人研发出成果后开放共享,其他人在此基础上继续改进和创新,再次开放共享。这种持续进步的精神推动了开源技术的快速发展和成熟。

- 按照劳动获得公平价值回报的精神:开源技术产品厂商主张以提

---

① https://blog.csdn.net/2401_89308151/article/details/144372866

供劳动服务的方式收取服务费用,而不是通过加密、复制、销售软件产品来获取利润。这种价值观体现了按照劳动获得公平价值回报的精神,鼓励开发者们通过提供高质量的服务来获得合理的回报。

这些价值观共同构成了开源文化的核心,推动着开源社区的发展和开源软件的普及应用。

二、开源社区的主要治理模式

开源文化的这些价值观不仅定义了开源项目的基本特征,还为社区治理提供了指导原则。开放性鼓励任何人参与项目,无论他们的背景或经验如何。协作性强调团队成员之间的合作和互助,共同推动项目的发展。共享性促进知识、技能和资源的共享,增强社区的凝聚力。透明性则要求项目的决策和进展对所有成员公开,增强信任和责任感。

这些文化特征不仅推动了技术的发展,也塑造了社区内部的权力结构和决策机制。开源社区的组织和治理模式多种多样,但通常可以分为以下几种。

(一)仁慈的独裁者模式(Benevolent Dictator for Life,BDFL)

仁慈的独裁者模式(BDFL)是开源社区早期的一种常见治理模式。在这种模式下,社区中有一个或多个具有远见卓识的领导者,他们拥有对关键决策的最终决定权。这些领导者通常是项目的创始人或核心贡献者,他们的判断力和领导力对项目的方向和发展起着至关重要的作用。Linux 创始人 Linus Torvalds 就是这种模式的典型代表。他在一次采访中表示:"我并不认为我是一个独裁者。我更愿意将自己看作是一个仲裁者,在争议中作出最终决定。"

BDFL 模式的优势在于能够迅速做出决策,避免社区陷入无休止的争论。领导者通常能以独特的视角为产品提供发展方向，推动突破性创新。然而，这种模式也存在一定的风险，如领导者的个人偏好可能影响项目的发展方向，且一旦领导者离开或失去兴趣，项目可能面临方向不明的困境。

（二）精英治理模式（Meritocracy）

精英治理模式强调根据贡献大小来分配治理权力。在社区中表现突出、贡献最大的人被任命为管理员，决策通常基于投票或共识机制。这种模式鼓励成员积极贡献，通过实际行动提升自己的影响力。因此，在这种模式下，决策权掌握在一群经验丰富的核心贡献者手中。Apache软件基金会的创始人 Brian Behlendorf 曾说："在 Apache，我们相信能力至上。贡献越多，影响力就越大。"

精英治理模式的优势在于能够激励成员积极贡献，提升社区的整体质量。同时，通过民主投票或共识机制做出的决策，更能够反映社区多数成员的意见。然而，这种模式也可能导致一些争议和分歧，因为不同成员对于贡献的衡量标准可能存在差异。

（三）共识驱动模式（Consensus-based）

共识驱动模式强调以社区为中心，通过广泛讨论和协商达成共识来做出决策。在这种模式下，功能开发和版本发布等重要决策不是自上而下的，而是以社区共识为准。这种模式鼓励成员积极参与讨论，共同推动项目的发展。这种模式强调广泛参与和讨论，力求在决策中达成共识。Debian 项目领导人伊恩·杰克逊（Ian Jackson）曾表示："在 Debian，我们相信集体智慧。虽然达成共识可能需要时间，但最终的决策通常更加稳健。"

共识驱动模式的优势在于能够充分发挥社区的智慧和力量，确保决策的科学性和合理性。同时，这种模式也促进了社区的民主化和去中心化，增强了成员的归属感和参与感。然而，达成共识可能需要较长的时间，对于快速变化的技术环境来说，可能存在一定的滞后性。

不同治理模式之间的主要差异在于决策过程、成员参与度和项目效率。BDFL 模式强调集中决策和快速响应，但可能限制成员的参与和创新。精英治理模式鼓励基于贡献的竞争和激励，但可能导致内部竞争和分裂。共识驱动模式强调广泛参与和共识决策，但可能影响决策的效率和灵活性。

每种治理模式都有其优势和局限性，适用于不同的项目和社区环境。选择合适的治理模式需要考虑项目的目标、成员的期望和社区的文化等因素。值得注意的是，许多成功的开源项目采用了这些模式的混合形式。例如，Python 语言曾长期采用 BDFL 模式，但在创始人吉多·范罗苏姆（Guido van Rossum）退休后，转向了一种更加共识驱动的模式。这种转变反映了开源社区治理的动态性和适应性。

（四）去中心化自治组织（Decentralized Autonomous Organization）

DAO（Decentralized Autonomous Organization，去中心化自治组织）是一种去中心化、透明、自主运行的组织治理模式。它通常依赖于区块链技术，通过智能合约来自动执行规则，并使社区成员在没有中央管理实体的情况下参与决策。DAO 在近年来的开源社区中逐渐得到应用，推动了开源项目的协作、资金管理和治理。

DAO 不仅改变了传统组织的管理方式，还为社区治理提供了一种全新的范式。传统的社区治理往往由一小部分人来决定，而其他人只能被动接受，这容易导致权力集中和利益不公。DAO 的出现为社区治理带来了革新。

1.去中心化决策：在 DAO 中，每个成员都有平等的发言权和决策权,他们可以通过投票来参与到组织的决策中。这种去中心化的决策模式使得社区治理更加民主和透明,避免了权力集中和利益不公的问题。

2. 激励机制:DAO 还可以通过激励机制来鼓励成员积极参与到组织的事务中。在传统的社区治理中,由于参与成本高,很多成员往往对组织的事务漠不关心。而在 DAO 中,成员可以根据其贡献程度获得相应的资源分配,这使得成员有动力积极参与到组织的事务中。这种激励机制可以有效地提高社区的凝聚力和活力,促进组织的持续发展。

3. 资金管理:开源项目的资金管理往往是一项复杂且敏感的工作。DAO 可以通过智能合约管理资金池,确保捐款和项目收入的使用透明且符合社区的共同意愿。资金分配过程公开透明,减少了不透明或资金滥用的可能性。

尽管 DAO 为开源社区带来了许多创新和优势,但它也面临着一些挑战和局限性。

1. 技术复杂性:DAO 依赖于区块链技术和智能合约的实现,这对普通开发者或社区成员来说可能技术门槛较高。

2. 治理困境:DAO 的民主化治理模式可能面临决策效率低下的问题。过度依赖社区投票,可能导致项目进展缓慢或无法达成一致。

3. 法律与合规性问题:DAO 的去中心化性质让其在法律上的身份较为模糊,不同国家对 DAO 的法律合规要求存在差异,这可能会带来监管风险。

DAO 作为一种去中心化自治组织模式,正在重塑开源社区的治理结构。通过去中心化的决策机制、透明的资金管理和自动化执行规则,DAO 为开源项目提供了更加公平、透明和高效的治理方式。尽管面临技术和法律的挑战,DAO 的应用前景广阔,有望推动全球开源社区进一步发展和壮大。

第3节 开源社区实践的关键原则

开源社区作为技术创新与协作的重要平台,其成功背后依赖于一系列关键原则。这些原则不仅塑造了社区的文化氛围,还促进了知识的共享、项目的迭代和成员的成长。

一、贡献者的行为准则(Code of Conduct)

贡献者行为准则是开源社区和谐发展的基石。它为社区成员之间的互动设定了明确的期望和标准,确保社区保持友好、包容和专业的氛围。一个典型的例子是 Python 社区的行为准则。Python 软件基金会(PSF)制定了详细的行为准则,明确规定了社区成员应遵守的行为标准,包括尊重、包容、开放和友善。这个行为准则不仅适用于线上交流,还延伸到与 Python 相关的会议和活动中。例如,在 PyCon(Python 年度大会)上,所有与会者都必须遵守这一行为准则,这极大地促进了社区的多样性和包容性。

另一个值得一提的案例是 Kubernetes 社区。作为一个快速发展的大型开源项目,Kubernetes 社区非常重视行为准则的制定和执行。他们的行为准则不仅涵盖了基本的尊重和包容原则,还特别强调了技术讨论中的专业性和建设性。这有效地减少了潜在的争议和冲突,使得社区能够专注于技术创新和问题解决。Kubernetes 社区还设立了专门的委员会来处理行为准则相关的问题,确保规则得到公正和一致的执行。

二、精英制（Meritocracy）

精英制是一种基于能力和贡献的治理模式。在这种模式下，社区成员的地位和影响力取决于他们的技能、经验和对项目的贡献。这种治理模式鼓励成员通过自己的努力和贡献获得认可和权力，而不是依靠资历或关系。

Apache 软件基金会（ASF）的运作模式也是精英制的一个很好例证。在 ASF 的项目中，贡献者可以通过持续的高质量贡献晋升为提交者（Committer），进而成为项目管理委员会（PMC）成员。这种制度确保了项目的决策权掌握在最了解项目并做出最大贡献的人手中。同时，ASF 也通过明确的规则和透明的流程来平衡权力，避免权力过度集中。

三、导师制（Mentorship）

导师制是开源社区中一种重要的知识传承和人才培养机制。在导师制下，经验丰富的成员（导师）会主动指导和帮助新成员（学徒）熟悉项目流程、掌握必要技能、解决遇到的问题。通过一对一或小组辅导的方式，导师不仅传授技术知识，还分享社区文化、工作方法和思维方式。导师制的实施有助于新成员快速成长，为社区注入新的活力和创造力。

Mozilla 设立了正式的导师项目，将有经验的贡献者与新人配对。新人可以在导师的指导下学习项目的技术细节、工作流程和社区文化。这不仅加速了新人的学习过程，还增强了社区的凝聚力。许多通过这个项目成长起来的贡献者后来自己也成为导师，形成了一个良性循环。

OpenStack 社区也有一个非常成功的导师制度。他们的"First Contact SIG"（Special Interest Group）专门负责帮助新贡献者融入社区。这个小组不仅提供技术指导，还帮助新人理解项目的组织结构和决策过程。通过这种方式，OpenStack 成功地吸引和留住了大量新贡献者，保持了社区的活力和可持续性。

四、首个良好问题（First-Good-Issue）

First-Good-Issue（首个良好问题）是开源社区为了降低新成员参与门槛、鼓励初学者贡献而采用的一种策略。社区会特意保留一些相对简单、易于上手的问题（如修复文档错误、增加测试用例等），供新成员作为他们的首个贡献。通过解决这些问题，新成员可以逐步熟悉项目流程、建立信心，并为社区做出实际贡献。First-Good-Issue 策略的实施有助于激发新成员的热情和积极性，促进社区的持续繁荣。

GitHub 上的许多开源项目都采用了 First-Good-Issue 策略。例如，React、Vue 等前端框架的项目仓库中经常会标记一些"good first issue"或"help wanted"标签的问题。这些问题通常被设计为初学者友好型任务，旨在引导新成员逐步融入社区并做出自己的贡献。社区成员和维护者会积极回应新成员的提问和贡献，并提供必要的指导和支持。通过这种方式，First-Good-Issue 策略为开源社区培养了大量潜在的贡献者和领导者。

这四个关键要素"贡献者行为准则、精英制、导师制和 First Good Issue"共同构成了开源社区的基础。它们确保了社区的健康运作、技术创新、知识传承和新人融入。每个成功的开源项目都在这些原则的基础上发展出了自己独特的实践和文化。值得注意的是，这些原则并非一成不变。随着技术和社会的发展，开源社区也在不断调整和完善这些原则。例如，近年来，许多社区开始更加重视多样性和包容性，在精英制的基础上增加了促进多元化的措施。同时，随着项目规模的扩大，一些社区也在探索更加结构化的治理模式，以应对复杂的决策需求。

第 4 节　开源方法论的应用

开源方法论作为一种创新的协作模式，已经从软件开发领域扩展到了社会的多个方面。它的核心理念"开放、协作、共享"正在重塑各个领域的工作方式。

一、企业软件开发（InnerSource）

内源（InnerSource）是将开源软件开发实践应用于企业内部的方法。正如 O'Reilly 出版的《Getting Started with InnerSource》一书中所述："InnerSource 不仅仅是一种开发方法，它是一种文化转变，鼓励跨团队协作和知识共享。"许多大型科技公司如 PayPal、Microsoft 和 IBM 都采用了 InnerSource 实践。例如，PayPal 通过 InnerSource 成功地提高了代码质量，加速了创新速度。正如 PayPal 的 InnerSource 负责人 Danese Cooper 所言："InnerSource 帮助我们打破了部门间的壁垒，创造了一个更加开放和创新的环境。"

二、科研和学术领域

开源方法论在科研和学术领域的应用正在推动"开放科学"的发展。《开放科学》（《Open Science》）一书的作者 Michael Nielsen 指出："开放科学不仅仅是公开研究结果，更是涵盖整个科研过程的开放和协作。"

许多科研机构和大学正在采用开源实践来促进科研协作和数据共

享。例如，欧洲核子研究中心（CERN）就采用开源模式来管理和分享大型强子对撞机产生的海量数据。

三、政府和公共部门

开源方法论在政府和公共部门的应用正在推动"开放政府"的发展。Beth Simone Noveck 在其著作《Smart Citizens, Smarter State》中指出："开源方法可以帮助政府提高透明度，增强公民参与，并加速创新。"

许多国家的政府正在采用开源实践。例如，美国政府的 Code.gov 平台就是一个共享和协作开发政府代码的开源项目。英国政府数字服务部门（GDS）也大量采用开源技术和实践，以提高政府服务的效率和质量。

四、教育和培训

开源方法论正在改变教育和培训的方式。正如 David Wiley 在《开放教育资源》（Open Educational Resources）一书中所述："开源理念可以让教育资源更加丰富、可访问和可定制。"许多教育机构正在采用开源实践来开发和共享教育资源。例如，MIT 的 OpenCourseWare 项目就是一个典型的开源教育实践，它免费提供了大量高质量的课程材料。

第 5 节　开源方法论的未来趋势

开源方法论在未来将继续发展和演变，面临以下几个主要趋势。

- 跨界融合：开源方法将进一步融入不同领域和行业，如医疗健康、智能制造等，促进跨界创新和合作。

- 智能化和自动化：随着人工智能和自动化技术的发展，开源方法将结合自动化工具和智能分析，提升开发效率和软件质量。

- 社区治理和可持续性：开源社区将更加关注社区治理机制和可持续发展模式，如基金会和法律实体的建立，以确保长期的技术支持和社区健康。

- 全球化和多样化：开源社区将更加全球化和多样化，吸引来自不同文化和地区的贡献者，推动全球范围内的技术共享和创新。

开源方法论不仅在软件开发领域有着深远的影响，还在科研、教育、政府和公共服务等多个领域展现了其巨大的潜力和应用价值。未来，随着技术和社会的发展，开源方法论将继续演化和拓展新的应用场景，为全球范围内的可持续发展和创新贡献力量。

小　结

著名的俄国科学家巴甫洛夫曾经讲过："有了良好的方法，即使是没有多大才干的人也能做出许多成就；如果方法不好，即使是有天才的人也将一事无成。"开源方法论以其独特的开放、协作和共享理念，不仅推动了软件技术的持续进步，还深刻影响了科研、教育、政府等多个领域。随着技术的不断进步和全球化的深入，开源方法论将继续发展，跨界融合、智能化、自动化及全球化和多样化将成为未来趋势。加强社区治理、促进可持续发展，将有助于构建一个更加健康、活跃的开源生态，为全球范围内的创新与进步贡献一份力量。

参考资料

1. Linux 为什么能成功？, https://www.open-open.com/news/view/15eafe

2. QiShare, iOS 历史, https://www.jianshu.com/p/ad34a8e90a0c

3. iOS 系统发展史, https://view.inews.qq.com/a/20201030A01YPD00

4. 苹果 App Store 从过去到未来的成功秘密, https://baijiahao.baidu.com/s?id=1644225887402409514&wfr=spider&for=pc

5. CSDN, 开源不等于免费！谷歌如何通过安卓开源成为移动时代霸主？, https://blog.csdn.net/csdnnews/article/details/113830234

6. Android 系统发展历史：当今最大移动操作系统是如何演变的, https://zhuanlan.zhihu.com/p/242908660

7. 前瞻产业研究院《中国操作系统行业市场前瞻与投资战略规划分析报告》

8. 2022—2027 年中国操作系统行业市场前瞻与投资战略规划分析报告

9. 蒋雯, 特斯拉专利开源的底层逻辑：技术储备和做大蛋糕, https://www.zhihuiya.com/observer/info_30.html

10. 特斯拉专利开源揭示三大战略真相, https://www.hbrchina.org/2014-07-21/2179.html

11. 微信公众号"一览众车", 特斯拉深度研究（业务架构、商业模式与估值）2021-09-23

12. 从红帽公司的崛起聊聊开源商业模式, https://cloud.tencent.com/developer/article/1890551

13. 开源如何走向商业化？, https://cloud.tencent.com/developer/article/1550229?from=article.detail.1890551

14. 开源经历了什么样的打压？https://my.oschina.net/oscpyaqxylk/blog/5509588

15. 一文读懂移动操作系统发展史，https://xw.qianzhan.com/analyst/detail/329/210610-5a20830b.html

16. Linux 的发展史：Stallman 的 GNU 计划，https://www.w3cschool.cn/article/db4026fbe883fd.html

17. 自由软件之"父"——Richard. M. Stallman，https://blog.csdn.net/weixin_33682790/article/details/92329008

18. 软件业自由之神 ---Richard Stallman，https://blog.csdn.net/xiaojianpitt/article/details/5089885

19. 朱涛，操作系统系列（二）：复盘安卓系统在商业模式上的成功，https://www.iyiou.com/analysis/202004121001706

开源术语或缩略语

缩略语	英文全名	中文解释
	Apache Way	Apache 开源创新方法论
ASF	Apache Software Foundation	Apache 软件基金会
GitLink	https://gitlink.org.cn/	CCF 官方指定的开源创新服务平台
	Eclipse Foundation	Eclipse 基金会
GitLab	https://gitlab.cn/	GitLab 中国发行版
LGPL	GNU Lesser General Public License	GNU 较宽松公共许可协议
GPL	GNU General Public License	GNU 通用公共许可协议
LF	Linux Foundation	Linux 基金会
MIT	MIT License	MIT 许可证
	Mozilla Foundation	Mozilla 基金会
	OpenStack Foundation	OpenStack 基金会
PSF	Python Software Foundation	Python 软件基金会
	RISC-V International Foundation	RISC-V 国际基金会
Apache	Apache License	阿帕奇 Apache 许可协议
ASF	The Apache Software Foundation	阿帕奇软件基金会
	Copyright	版权
BOSC	Beijing Institute of Open Source Chip	北京开源芯片研究院
	Edge Computing	边缘计算
CL	Changelist	变更列表
BSD	Berkeley Software Distribution	伯克利软件发布版
V2X	Vehicle-to-Everything	车联网

续表

缩略语	英文全名	中文解释
ECU	Electronic Control Unit	车载电子控制单元
CI/CD	Continuous Integration and Continuous Delivery	持续集成和持续交付
	Big Data	大数据
Repo	Repository	代码仓库，如Github、Gitee等
	Fork	代码复刻
	Issue	代码改进建议
	Contributor	代码贡献者
	Merge	代码合并
PR	Pull Request	代码合并请求
CR	Code Review	代码评审
	Maintainer	代码维护者
eVTOL	electric Vertical Take-off and Landing	电动垂直起降飞行器
OpenWallet		电子钱包开源框架
EDI	Electronic Data Interchange	电子数据交换
	Release	发布
NFT	Non-Fungible Token	非同质化代币
	Distributed System	分布式系统
	Industry 4.0	工业4.0
IIoT	Industrial Internet of Things (IIoT)	工业物联网
WG	Work Group	工作组
	Consensus-based	共识驱动模式
CLA	Contributor License Agreement	贡献者许可协议
	Core Member	核心成员
Red Hat	https://www.redhat.com/	红帽公司（IBM）
ICANN	Internet Corporation for Assigned Names and Numbers	互联网名称与数字地址分配机构

续表

缩略语	英文全名	中文解释
	Machine Learning	机器学习
BIOS	Basic Input Output System	基本输入输出系统
IaaS	Infrastructure as a Service	基础设施即服务
IDE	Integrated Development Environment	集成开发环境
TAB	Technical Advisory Board	技术顾问委员会
TOC	Technical Oversight Commitee	技术监督委员会
TAG	Technical Advisory Group	技术咨询小组
RegTech	Regulatory Technology	监管科技
FinTech	Financial Technology	金融科技
	Meritocracy	精英治理模式
SAST	Static Application Security Testing	静态应用程序安全测试
DevOps	Development and Operations	开发运维一体化
	OpenAtom Foundation	开放原子开源基金会
AtomGit	https://atomgit.com/	开放原子开源基金会旗下开源代码托管平台
OpenSSF	Open Source Security Foundation	开放源代码安全基金会
OS	Open Source	开源
OSPO	Open Source Program Offices	开源办公室
OSPO	Open Source Program Office	开源创新办公室
	Open Source Way	开源创新方法论
OSI	Open Source Initiative	开源促进会
Foundation		开源基金会
OSS	Open Source Software	开源软件
	Open Source Software Movement	开源软件运动
	Open Source Community	开源社区
	Open Source Culture	开源文化
	Open Source Project	开源项目

续表

缩略语	英文全名	中文解释
	Committer	开源项目贡献者
PMC	Project Management Committee	开源项目管理委员会
	Member	开源项目管理委员会委员
	Collaborator	开源项目合作伙伴
	License	开源协议
	Open Source License	开源许可协议
OSH	Open Source Hardware	开源硬件/开放硬件
OSHWA	Open Source Hardware Association	开源硬件协会
	Open Source Governance	开源治理
XAI	Explainable Artificial Intelligence	可解释人工智能
	Quantum Computing	量子计算
Gitee	https://gitee.com/	码云（开源中国2013年推出代码托管平台）
MulanPSL	Mulan Permissive Software License	木兰宽松许可证
	Inner Source	内源
OFE	Open Forum Europe	欧盟开放论坛
PaaS	Platform as a Service	平台即服务
	Blockchain	区块链
DAO	Decentralized Autonomous Organization	去中心化自治组织
GOSIM	Global Open-Source Innovation Meetup	全球开源创新大会
BDFL	Benevolent Dictator for Life	仁慈的独裁者模式
	Containerization	容器化技术
SPDX	Software Package Data Exchange	软件包数据交换
SCA	Software Composition Analysis	软件成分合规分析
SDV	Software-Defined Vehicle	软件定义汽车
SaaS	Software as a Service	软件即服务

续表

缩略语	英文全名	中文解释
SDLC	Software Development Life Cycle	软件开发生命周期
SBOM	Software Bill of Materials	软件物料清单
	Software Licenses	软件许可协议
OSC	Open Source Congress	世界开源大会
DPGA	Digital Public Goods Alliance	数字公共产品联盟
	Digital Twin	数字孪生
SIG	Special Interest Group	特别兴趣小组
	Commit	提交
Chance	Chance Foundation	天工开物开源基金会
	Branch	同一代码仓库内的分支
	Microservices Architecture	微服务架构
	Serverless Architecture	无服务器架构
IoT	Internet of Things	物联网
PMC	Project Management Committee	项目管理委员会
ITO	Information Technology Outsourcing	信息技术外包
	Code of Conduct	行为准则
Git	https://git-scm.com/	一个开源分布式的数字商品生产协作平台
GitHub	https://github.com/	一个面向开源及私有软件项目的托管平台（微软）
TODO	TODO Group // Talk Openly, Develop Openly	一个专注于开源项目管理和治理的组织
HuggingFace	https://huggingface.com	一个专注于算法托管的网站（美国）
Gitea	https://gitea.com/	一家完全开源的企业应用Git平台
API	Application Programming Interface	应用程序接口
	Mailing Lists	邮件列表

续表

缩略语	英文全名	中文解释
GNU	GNU's Not Unix	有别于 UNIX 的开源操作系统
	Cloud Computing	云计算
	Cloud Native	云原生
CNCF	Cloud Native Computing Foundation	云原生基金会
CC BY 4.0	Creative Commons Attribution 4.0 International License	知识共享 署名 4.0 版 国际许可协议
ISA	Instruction Set Architecture	指令集架构
CCF	China Computer Federation	中国计算机学会
COPU	China OSS Promotion Union	中国开源软件推进联盟
COSCL	China Open Source Cloud League	中国开源云联盟
	Main	主线
	Copyleft	著佐权
FOSS	Free and Open Source Software	自由开源软件
FLOSS	Free/Libre and Open Source Software	自由开源软件
FSF	Free Software Foundation	自由软件基金会
FSM	Free Software Movement	自由软件运动